Hans Grum, Gisela Stautner, Martin Wurdack, Alfons Ziller

Fit im Fleischer-Fachgeschäft

Lernfeldorientierte Fachbildung für Fachverkäufer/-innen
im Lebensmittelhandwerk – Fleischerei
Arbeitsheft

1. Auflage

Bestellnummer 5878

westermann

Die in diesem Werk aufgeführten Internetadressen sind auf dem Stand zum Zeitpunkt der Drucklegung. Die ständige Aktualität der Adressen kann vonseiten des Verlages nicht gewährleistet werden. Darüber hinaus übernimmt der Verlag keine Verantwortung für die Inhalte dieser Seiten.

Druck: westermann druck GmbH, Braunschweig

service@westermann-berufsbildung.de
www.westermann-berufsbildung.de

Bildungshaus Schulbuchverlage Westermann Schroedel Diesterweg Schöningh Winklers GmbH, Postfach 33 20, 38023 Braunschweig

ISBN 978-3-8045-**5878**-6

westermann GRUPPE

VORWORT

Liebe Auszubildende,

dieses Arbeitsheft versteht sich als Begleitmaterial zum Schulbuch „Lernfeldorientierte Fachbildung für Fachverkäuferinnen und Fachverkäufer“ (BN 5870) aus der Reihe „Fit im Fleischer-Fachgeschäft“.
Die darin enthaltenen Arbeitsblätter greifen die praxisorientierten Lernsituationen aus den Kapiteln der Lernfelder 2.1 bis 3.5 auf.
Die Arbeitsblätter sollen Ihnen Unterstützung bei der eigenständigen Bearbeitung der beruflichen Aufgabenstellungen leisten und Ihnen dabei den Erwerb von beruflicher Handlungskompetenz (Fach-, Selbst- und Sozialkompetenz) ermöglichen.
Anhand von Leitaufgaben, die sich an den Stufen der vollständigen Handlung orientieren, erarbeiten Sie sich die wesentlichen Lern- und Ausbildungsinhalte eigenverantwortlich und wenden das Gelernte beim Lösen des konkreten Handlungsauftrages der Lernsituation an.
Jeweils am Ende der Lerneinheit finden Sie Aufgaben und Rätsel, mit denen Sie das erworbene Wissen auf vielfältige Weise wiederholen und vertiefen können.

Bitte beachten Sie folgende Icons am Rand der Arbeitsblätter:

STUFEN EINER VOLLSTÄNDIGEN HANDLUNG

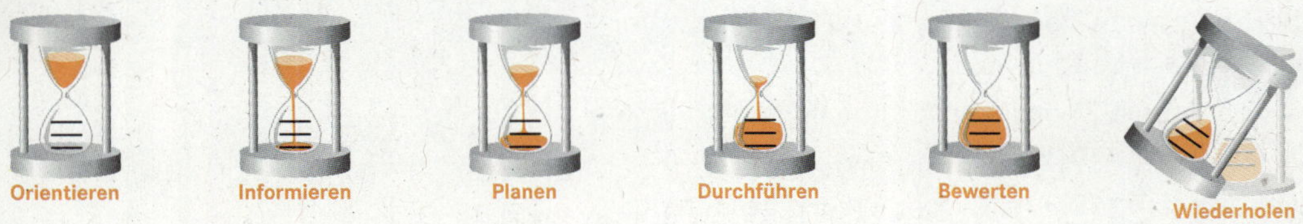

BEARBEITUNGSHINWEISE

Füllen Sie bitte aus.

Schreiben Sie bitte auf einem gesonderten Blatt.

Kreuzen Sie bitte an.

Zur besseren Lesbarkeit wurde für Personen meist die männliche Schreibform verwendet; sie gilt analog auch für weibliche Personen.

2. Ausbildungsjahr

Lernfeld 2.1

Verkauf aktiv gestalten

Lernfeld 2.2

Waren kundenorientiert verkaufen

Lernfeld 2.3

Speisen herstellen und anrichten

Lernfeld 2.4

Produkte verkaufsfördernd präsentieren

3. Ausbildungsjahr

Lernfeld 3.1

Besondere Verkaufssituationen gestalten

Name: .... Klasse: .... Datum: ....

Die Fleischerei Baringer möchte die Kundenorientierung stärker ins Bewusstsein ihres Handelns rücken.

Orientieren

Informieren

A Entwicklung der Märkte seit der Nachkriegszeit

Verkäufermarkt …

… ist eine Marktsituation, ...

....

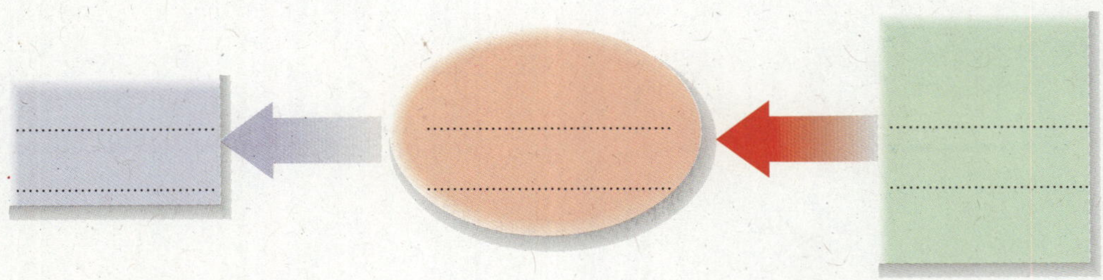

Aufgaben des Lebensmittelhandwerks:

- ....
- ....
  ....

Käufermarkt …

… ist eine Marktsituation, ...

....

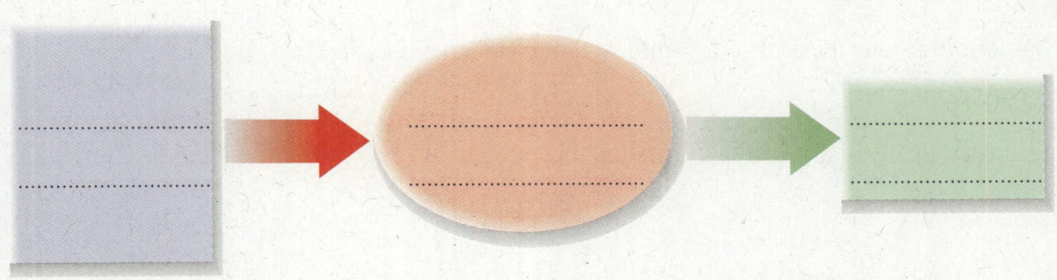

Bedeutung für das Lebensmittelhandwerk bzw. das Fleischerfachgeschäft:

- ....
  ....
- ....
  ....
- ....
  ....
- ....
  ....
- ....

B Kundenorientierung als Erfolgsfaktor

Für ein erfolgreiches Unternehmen ist es wichtig, im Wettbewerb dauerhaft zu bestehen und langfristig stabile Kundenbeziehungen aufzubauen und zu pflegen.
Dabei sind folgende Punkte zu beachten:

Kundenorientierung – des Unternehmens und des Verkaufspersonals

↓

.... – Sie stellt sich ein, wenn ....

....

....

↓

.... – Ein zufriedener Kunde ....

....

....

↓

.... – Bleibt der Kunde dem Unternehmen dauerhaft treu, bezahlt er einen angemessenen Preis für die Produkte und trägt zum Umsatz und Gewinn des Unternehmens bei.

Folgende Faktoren sind im Fleischerfachgeschäft für die Gesamtzufriedenheit des Kunden besonders entscheidend: ....

....

C Analyse der Kundenorientierung im Fleischerfachgeschäft

Die zentrale Frage, die sich jedes Unternehmen stellen muss, heißt: ....

....

Ziel des Fleischerfachgeschäfts sollte sein, ...

....

Dabei sind folgende Phasen systematisch zu durchlaufen und zu wiederholen (Qualitätsmanagement):

Wünsche, Bedürfnisse und Erwartungen der Kunden sowie das Produkt- und Dienstleistungsangebot regelmäßig systematisch analysieren

den Erfolg der durchgeführten Maßnahmen und das Erreichen der gesetzten Ziele regelmäßig kontrollieren

....

....

aus den Ergebnissen geeignete

....

....

....

....

....

....

....

Name: .... Klasse: .... Datum: ....

Auf einem Verkaufskundeseminar der Handwerkskammer erfahren Sie, welche Erwartungen Kunden an das Fleischerfachgeschäft, die dort verkaufte Ware und an das Verkaufspersonal haben. Sie erhalten die Aufgabe, Ihre persönlichen Stärken und Schwächen sowie die Ihres Ausbildungsbetriebs zu analysieren und geeignete Strategien zur Abhilfe der Schwächen zu überlegen.

Orientieren

Informieren

A Anspruchsarten des Kunden

Der Kunde steht im Mittelpunkt jeder Verkaufstätigkeit. Er stellt Anforderungen an:

- ....
- ....
- ....

Werden diese Ansprüche erfüllt, so kann das Unternehmen:

- ....
- ....

B Ansprüche von Kunden an das Verkaufspersonal

Der Kunde erwartet, dass er von einer **kompetenten** Person bedient wird, ...

....

Diese sogenannte Handlungskompetenz setzt sich aus folgenden Teilkompetenzen zusammen:

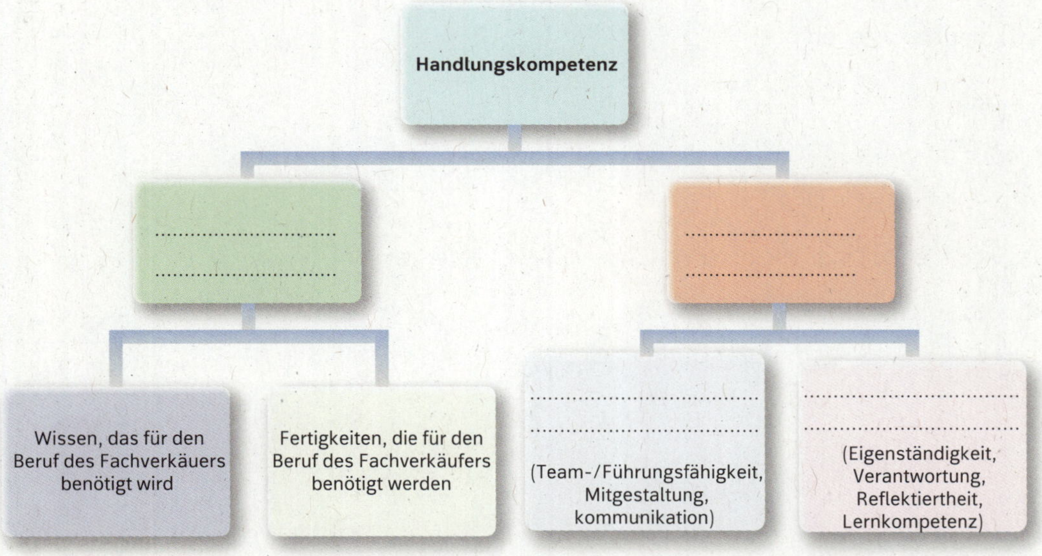

Ordnen Sie jeweils die passende Kompetenz zu:

Die Verkäuferin/Der Verkäufer ist fähig und bereit, z. B. …	Kompetenz
… im Team zusammenzuarbeiten und (Arbeits-)Beziehungen konstruktiv mitzugestalten.	....
… mit Lebensmitteln fachgerecht (Zuschnitt, Zubereitung, Lagerung, Verpackung usw.) in der Produktion und im Verkauf umzugehen.	....

2 EIN ANFORDERUNGSPROFIL FÜR BETRIEB UND VERKAUFSTÄTIGKEIT AUF DER BASIS VON KUNDENERWARTUNGEN ERSTELLEN

Die Verkäuferin/Der Verkäufer ist fähig und bereit, z. B. ...	Kompetenz
... Arbeitsabläufe zu planen, Arbeitsergebnisse zu kontrollieren und zu bewerten, Hygienemaßnahmen durchzuführen und zu dokumentieren.	....
... Spannungen/Konflikte mit Kunden oder Kollegen zu erkennen und lösungsorientiert zu bearbeiten.	....
... sich gezielt fortzubilden, bzw. sich mit aktuellen Entwicklungen in Politik, Wirtschaft, Sport kritisch auseinanderzusetzen.	....
... Verkaufs- und Beratungsgespräche durch Anwendung geeigneter Techniken durchzuführen.	....
... konstruktive, begründete Kritik zu äußern bzw. zu akzeptieren.	....
... betriebswirtschaftliche Abläufe (z. B. Kassieren, Erstellen von Rechnungen oder Lieferscheinen) abzuwickeln.	....
... eine freundliche, professionelle Verkaufsbeziehung zu Kunden zu pflegen.	....
... Waren sachgerecht und ansprechend in der Theke zu präsentieren.	....
... eigenes Verhalten zu beobachten und zu reflektieren.	....
... sich Kunden und deren Anliegen zuzuwenden, zuzuhören, auf deren Wünsche einzugehen.	....

Zur Selbstkompetenz gehört auch, ...

....

....

Denn: Das ist der erste Eindruck, den der Kunde vom Verkäufer gewinnt.

Das heißt z. B.

Kleidung: ....

....

Aussehen: ....

....

....

....

....

Körpersprache: ....

....

Name: .... Klasse: .... Datum: ....

C Ansprüche der Kunden an das Unternehmen

Folgende Leistungen erwarten Kunden von dem Unternehmen:

a) Bereitstellung eines Sortiments, das in seiner Breite und Tiefe dem Bedarf der unterschiedlichen Kunden entspricht

Das bedeutet: ....

....

Man unterscheidet:

	Erklärung	Beispiel
	Ein Fachgeschäft bietet	Warengruppen sind z. B.: ....
Breites Sortiment	.... Warengruppen an.	
.... Sortiment	.... Warengruppen an.	
	Ein Geschäft bietet innerhalb der einzelnen Warengruppen	Sorten bei Brühwurst z. B.: ....
Tiefes Sortiment	.... Sorten an.	
.... Sortiment	.... Sorten an.	

b) qualifizierte, individuelle Beratung durch freundliche und fachkompetente Verkäufer

Kundenerwartung: ....

....

c) zusätzliche Serviceleistungen

Bereitstellung von Dienstleistungen wie beispielsweise ....

....

D Ansprüche des Kunden an die Ware

Kundenerwartung	Beschreibung	Beispiel(e)
	Er umfasst die praktischen und nützlichen Eigenschaften einer Ware für einen bestimmten Verwendungszweck.	
	Der Kunde erhält für den zu zahlenden Preis einen aus seiner Sicht fairen Gegenwert/gute Qualität.	
	Kunden kaufen Waren, weil sie ihnen Aufmerksamkeit und Prestige verschaffen oder Freude bereiten.	
	Der Kunde kauft bevorzugt Waren, die für ihn einen wichtigen Beitrag zum Umweltschutz und zur Sozialverträglichkeit sowie zur Erhaltung seiner Gesundheit leisten.	◗ ◗
	Der Kunde muss beim Kauf eines Artikels oder einer Dienstleistung keinen bzw. wenig eigenen Aufwand leisten.	◗ ◗

Planen

- Analysieren Sie auf dieser Grundlage die Stärken und Schwächen Ihres Ausbildungsbetriebs.
- Untersuchen Sie auch Ihre persönlichen Stärken und Schwächen als Verkäufer/-n.

Durchführen

Überlegen Sie Strategien/Maßnahmen, um die Schwächen Ihres Ausbildungsbetriebs und Ihre persönlichen Schwächen in Stärken zu verwandeln.

Bewerten

Bewerten Sie Ihre Lösungsvorschläge.

Name: .... Klasse: .... Datum: ....

Die Buchheim KG entschließt sich, eine Fortbildung zum Thema „Sprache und Körpersprache in Verkaufsgesprächen" durchzuführen. Sie werden im Rahmen des Verkaufstrainings aufgefordert, ein Rollenspiel für ein komplettes Verkaufsgespräch zwischen Verkäufer und Kunde zu entwerfen und vorzuführen.

Orientieren

Informieren

A Der Verkaufsvorgang – Phasen eines Verkaufsgesprächs

1. ....

2. ....

3. Kunden beraten, d. h.:
   - ....
   - ....
   - ....
   - ....

4. ....

5. ....

6. ....

7. ....

8. ....

Abhängig vom Kundentyp und von dessen Kaufmotiven verlaufen Verkaufsgespräche unterschiedlich. Man unterscheidet:

Aushändigungsverkauf	Beratungsverkauf
Kunde kommt mit festem Kaufwunsch ins Geschäft.	Kunde kommt ohne bestimmten Kaufwunsch ins Geschäft.
....	....

B Verbale Kommunikation

Kommunikation bedeutet:

.... von Zeichen zur Übermittlung von .... auf der Sach- und ....

Der Gesprächspartner bildet sich einen Gesamteindruck aus folgenden Kommunikationsanteilen:

- verbal: ....
- .... Stimmeigenschaften und Sprechverhalten
- ....

Als sog. Kommunikationsstörer bezeichnet man z. B.: ....

....

a) Sprechniveau und Sprechweise

Im Verkaufsgespräch sollte man als Verkäufer folgende Regeln beachten:

Fehler des Verkäufers	Abhilfe → Regeln für gutes Verkaufen
▸ Verkäufer „nuschelt“ und verschluckt die Endsilben. ▸ Verkäufer spricht schwer verständlichen Dialekt.	▸ ....
▸ Verkäufer verwendet viele Fachbegriffe und Fremdwörter, die der Kunde nicht kennt bzw. die im Gespräch nicht erklärt werden.	▸ ....
▸ Verkäufer verwendet häufig Passivsätze, z. B. „Die Waren werden Ihnen geliefert.“	▸ Aktivsätze bilden, z. B. ....
▸ Verkäufer verwendet häufig verneinende Wörter bzw. Verneinungssilben wie „kein“, „nicht“, „nein“, „un-“ bei der Verkaufsargumentation, z. B. „Beim Kauf dieser Schinkensorte werden Sie keinen Unterschied zur teureren merken.“	▸ ....
▸ Verkäufer stellt die „negativen“ Eigenschaften der Ware heraus, z. B. „Diese Schinkensorte kostet 2,00 € mehr als diese hier und hat einen größeren Fettrand.“	▸ ....
▸ Verkäufer spricht sehr ausschweifend, verwendet teilweise unvollständige Schachtelsätze.	▸ ....

Name: .... Klasse: .... Datum: ....

b) Fragetechnik

Um das Verkaufsgespräch gezielt zu lenken und zur Zufriedenheit aller schnell und gut zum Abschluss zu führen, wendet das Verkaufspersonal am häufigsten folgende Frageformen an:

Geschlossene (enge) Fragen

Merkmale:

- können nur mit .... beantwortet werden
- fordern eine .... heraus
- beginnen immer mit einem .... oder ....
- bringen ein Verkaufsgespräch schnell zum ....

Beispiele:

....

....

Gefahren:

....

....

Alternativfragen

Merkmale:

- geben die ....
- lassen die Wahl zwischen ....
- Der Kunde bekommt nicht das Gefühl, dass ihm etwas aufgedrängt wird.
- Sie führen schnell eine ....

Beispiel:

....

Offene (weite) Fragen

Merkmale:

- beginnen mit einem Fragewort: ....
- ermuntern den Kunden, seine ....
- eignen sich besonders, um ....
- Die Antworten des Kunden lassen auf dessen ....

Beispiele:

....

....

Zusammenfassung: Im Verkaufsgespräch sollte der Verkäufer diese Frageformen

- ....
- ....

c) Stimmeigenschaften und Sprechverhalten bewusst einsetzen (paraverbale Kommunikation)

Spricht der Verkäufer …	, interpretiert der Kunde, dass …
… mit leiser, dünner oder zu hoher Stimme	→ der Verkäufer ....
…	→ der Verkäufer keine Lust hat, ihm langweilig ist, ihm die Fachkompetenz fehlt.
… zu schnell	→ ....

Zu vermeiden sind:

- ....
  z. B. „Das glauben Sie doch selbst nicht!“
- ....
  ....
  z. B. „Ich kann es nicht oft genug wiederholen, nehmen Sie diesen Artikel!“
- ....
  ....
  z. B. „Das geht im Augenblick nicht!“, „Ich habe keine Zeit für so etwas!“

C Nonverbale Kommunikation

Die nonverbale Kommunikation bezeichnet man auch als ....

Jeder Mensch wendet diese in der Regel ....

Sie .... sogar gesprochene Worte.

Deshalb ist es wichtig, dass

- die Mitarbeiter ....
  ....
- man die Körpersprache des Kunden ....
  ....

Die nonverbale Kommunikation setzt sich zusammen aus:

Mimik

Darunter versteht man die sichtbaren Muskelbewegungen der Augen, ... die den Gesichtsausdruck, die „Miene“, ... verändern.

Die Art des Blick unterstützt die Wirkung des Gesichtsausdrucks.

Name: .... **Klasse:** .... **Datum:** ....

Gestik

....

....

....

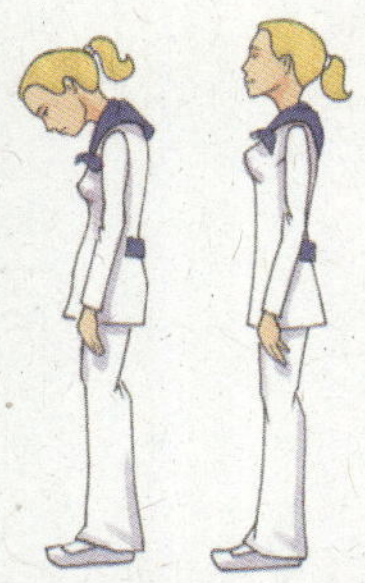

Körperhaltung

Zur Körperhaltung zählen die ....

.... Sie lässt häufig Rückschlüsse

auf die .... eines Menschen zu.

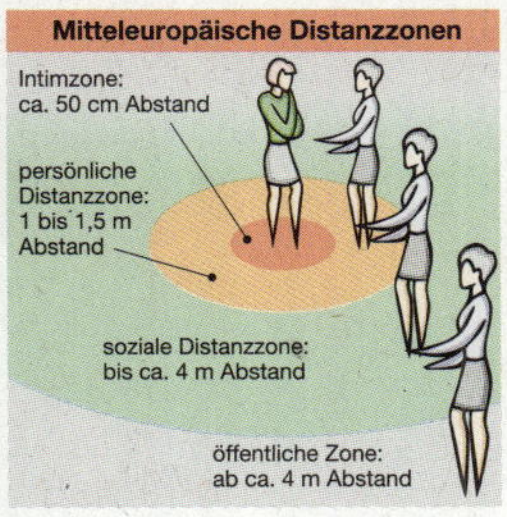

Abstand zu anderen Menschen

Der räumliche Abstand, der zu anderen Menschen eingenommen wird,

drückt .... zu ihnen aus. In die Intimzone eines

Menschen dürfen nur ....

....

Treffen Sie aus Ihrer Sicht eine entsprechende Zuordnung (s. auch folgende Seite).

Körpersprachliches Signal:	Art*	Mögliche Interpretation des Kunden:
Lächeln (hochgezogene Wangen, kleinen Fältchen unter den Augen, Senken der Augenbrauen)	M	Freundlichkeit, positive Ausstrahlung, Interesse, Sympathie
Stirn/Augenbrauen runzeln	....	....
Ärmel aufkrempeln	....	....
„schiefer“ Mund/schiefes Lächeln	....	....
fixierender Blick	....	....
überkreuzte Arme vor der Brust	....	....
wegsehen	....	....
Jemanden keines Blickes würdigen	....	....
Hände in die Hüften stemmen	....	....
Hände reiben	....	....
Schulterzucken mit Aufdrehen der Hände	....	....

Körpersprachliches Signal:	Art*	Mögliche Interpretation des Kunden:
erhobener Kopf und aufrechter Oberkörper	....	....
hängender Kopf und hängende Schultern	....	....
zu geringer Abstand zum Gegenüber	....	....

* **M**imik, **G**estik, **K**örperhaltung, **A**bstand

Empfehlungen für den Einsatz der Körpersprache in Verkaufsgesprächen:

- Mimik: ....
- Gestik: ....
- Körperhaltung: ....
- Abstand zum Kunden: ....

D Aktiv zuhören

Das bedeutet: ....

Der Verkäufer sollte:

Redefluss des Kunden unterstützen und Zuhören signalisieren

Beispiele: ....

....

Beispiele: „Habe ich Sie richtig verstanden? Sie möchten …“

Zwischenbemerkungen einstreuen

Beispiele: ....

....

Beispiele: ....

Name: .... **Klasse:** .... **Datum:** ....

Planen

Entwerfen Sie ein Rollenspiel für ein komplettes Verkaufsgespräch zwischen Verkäufer und Käufer („Drehbuch“). Achten Sie dabei auf den zielgerichteten Einsatz von Sprache (v. a. Fragen) und Körpersprache.

Phase des Verkaufsgesprächs	Person	Sprachliche Signale	
		verbal	nonverbal
Kunden empfangen und begrüßen	Käufer Verkäufer	Guten Morgen! Guten Morgen, Frau Müller!	Fr. Müller kommt freudestrahlend in den Laden. lächeln, freundlicher Blick, offene Körperhaltung
Kaufwunsch erfragen	Verkäufer	Was darf ich Ihnen heute anbieten?	

Durchführen

Führen Sie das Verkaufsgespräch durch (Videoaufzeichnung).

Bewerten

Lassen Sie ihr Sprachverhalten als Verkäufer im Rollenspiel bewerten und holen Sie sich Tipps zur Verbesserung Ihrer Verkaufstätigkeit. Nehmen Sie hierfür den Bewertungsbogen (➜ Anhang Seite 196) zur Hilfe.

3 VERBALE UND NONVERBALE KOMMUNIKATIONSMITTEL IN VERKAUFSGESPRÄCHEN ZIELGERICHTET EINSETZEN

Wiederholen

1. Jeweils zwei Bausteine ergeben eine sinnvolle Aussage. Treffen Sie die entsprechende Zuordnung, z. B. 1A–5B. Zur besseren Übersicht können Sie die einzelnen Paare auch farbig markieren.

	1	2	3	4	5
A	Offene Fragen im Beratungsgespräch …	Streut man beim aktiven Zuhören Zwischenbemerkungen ein, kann man z. B. sagen: …	… können nur mit Ja oder Nein beantwortet werden.	… diese Person sich ärgert.	… verstärken die eigene Aussage und das Produktargument.
B	… Habe ich Sie richtig verstanden, Sie möchten Käse für kleine Spieße einkaufen?	… bezeichnet man die Körpersprache.	… wirkt er nervös oder unsicher.	Öffnende und demonstrierende Gesten, z. B. auf Ware zeigen, …	… ermuntern Kunden, Einkaufswünsche frei zu äußern.
C	Bewegungen der Arme, Hände und Finger zählen …	In die Hüfte gestemmte Arme können bedeuten, dass …	Eine Rückfrage beim aktiven Zuhören könnte lauten: …	… den Kunden zwischen zwei Sorten entscheiden zu lassen.	… Richtig! Da bin ich ganz Ihrer Meinung! Ja!
D	Alternativfragen im Verkaufsgespräch sind ein gutes Mittel, um …	Wenn der Verkäufer mit leiser, dünner Stimme spricht, …	Geschlossene Fragen …	Als nonverbale Kommunikation …	… zur Gestik eines Menschen.

2. Lesen Sie die folgenden Worte jeweils von rechts nach links und ordnen Sie diese unten entsprechend zu (ö = oe, ä = ae).

FUAKREVSGNUGIDNEAHSUA – NEREOHUZ VITKA – GNUDEIHCSBAREV – NESARHPRELLIK – KIMIM – NIESTSSUWEBTSBLES

Wozu zählen Muskelbewegungen von Nase, Stirn, Augen sowie der Blick eines Menschen?

Mit dieser Kommunikationstechnik vermittelt der Verkäufer dem Kunden das Gefühl, dass er im Mittelpunkt des Gesprächs steht und geachtet wird.

Wie heißen pauschale und abwertende Bemerkungen, die das Anliegen des Gesprächspartners abblocken?

Wovon spricht man, wenn der Verkäufer unverzüglich einen festen Kaufwunsch des Kunden erfüllt?

Was strahlt ein Mensch mit aufrechtem Körper und erhobenem Kopf aus?

Wie nennt man die letzte Phase eines Verkaufsgesprächs?

Name: .... **Klasse:** .... **Datum:** ....

Inge Bach, die Verkaufsleiterin der Filiale der Buchheim KG, zitiert in der wöchentlichen Teambesprechung negative bzw. optimierbare Beispiele von Verkaufsgesprächen. In Zweierteams sollen Sie sich gegenseitig geeignete Lösungsvarianten vorstellen und diese bewerten.

Orientieren

Informieren

A Bedürfnisse von Kunden

- Jeder Mensch hat Bedürfnisse. Darunter versteht man:

....

Bedürfnis nach z. B. Entfaltung der Persönlichkeit, Unabhängigkeit, Zufriedenheit

....

- Verkaufen ist ....
- Der Verkäufer sollte im Beratungsgespräch durch .... versuchen, die Bedürfnisse der Kunden zu erkennen und entsprechende Waren empfehlen.
- Von Kunden häufig verwendete Schlüsselwörter sind:

....

B Kaufmotive von Kunden

Definition: Unter einem Kaufmotiv versteht man den Grund, der einen Käufer zum Kauf bewegt.

Kennt der Verkäufer das Motiv, kann er

- ....
- ....
- ....

Name: .... Klasse: .... Datum: ....

C Einteilung von Kunden

Hinsichtlich des Kauf- und Käuferverhaltens kann man Kunden in verschiedene „Kategorien“ einteilen:

Kundenarten	Kundentypen	Besondere Kundengruppen
Stammkundschaft	entschlossen, ...	z. B. Kinder, ...

a) Kundenarten

Stammkunde: Merkmal:	**Laufkunde:** Merkmal: ....
Verhalten des Verkäufers: ▸ .... ▸ .... ▸ .... ▸	Verhalten des Verkäufers: ▸ .... ▸ .... Ziel: ....

b) Kundentypen

Kundenaussage	Kundentyp	Verkäuferverhalten
Guten Tag! Könnten Sie mich bitte schnell bedienen? Ich stehe nämlich im Parkverbot.	....	▸ .... ▸ ....
Guten Tag! Ich hätte gerne 150 g Schinken. Haben Sie etwas im Angebot? Nein? Was kostet dieser Schinken hier in der Theke? Gibt es auch eine günstigere Variante?	....	▸ .... ▸ ....

Kundenaussage	Kundentyp	Verkäuferverhalten
Guten Morgen! Ich möchte bitte ein Brathähnchen mit Kartoffelsalat und Ketchup zum Mitnehmen. Das ist alles!		
Guten Morgen! Ich sehe gerade, dass Sie eine neue Salamisorte im Sortiment haben. Das sieht interessant aus. Die möchte ich gerne mal probieren.		
Guten Tag! (V: Was darf ich Ihnen anbieten?) Ich weiß noch nicht genau, ich suche etwas für den Kindergeburtstag meiner Tochter.		
Ich möchte gerne für das Pausenbrot meines Sohnes eine fettarme Wurst. Ja, die sieht gut aus! Aus welchen Inhaltsstoffen besteht denn diese Wurst? Woher beziehen Sie das Fleisch?		
Der aufgeschnittene Schinken in Ihrer Auslage, ist das wirklich „Schwarzwälder Schinken“? Und der kostet wirklich nur den angegebenen Preis?		
Guten Tag! Könnten Sie mich bitte beraten? Morgen Abend kommen Geschäftsfreunde meines Mannes zu Besuch. Ich möchte etwas Außergewöhnliches kochen, Tournedos oder so. Was haben Sie denn da?		

Name: .... Klasse: .... Datum: ....

D Kundenorientiertes Vorgehen im Beratungsgespräch

a) Fragetechniken zur Bedarfsermittlung einsetzen

Direkt	Indirekt
Vorgehen: ◗ mit .... Fragen beginnen ◗ durch geschicktes und gezieltes Fragen versuchen, die individuellen .... des Kunden herauszufinden und einzugrenzen ◗ anschließend auf den Bedarf des Kunden schließen und	Vorgehen: ◗ nur wenige .... stellen und gleich .... ◗ Reaktion des Kunden beobachten ◗ ggf. mit .... vermuteten Bedarf überprüfen ◗ ggf. weitere Waren .... vorzeigen

b) Verkaufsargumente formulieren

In der Beratungsphase eingesetzte positive Produktargumente stellen die Vorzüge der gezeigten Waren geschickt heraus. Sie beziehen sich auf:

Beschaffenheit (Konsistenz)
bei Fleischwaren:

z. B. zart, ...

....

bei Fleisch:

z. B. mager, ...

....

....

z. B. naturgereift, zart geräuchert, mild gesalzen

....

z. B. mit Kräutern, mit Käse, mit Knoblauch

gesundheitliche Aspekte

z. B. ....

....

....

....

....

z. B. sauer, salzig, ...

....

....

Zubereitung und Verwendung

z. B. ....

....

....

....

....

z. B. max. Lagerzeit und Lagertemperatur, Aufbewahrung in Frischhaltedosen

....

z. B. Spitzenqualität, 1a-Qualität, Hinweise auf regionale Erzeugung der Rohstoffe, Bio-Produkte

c) Preisnennung in die Produktargumentation einbeziehen

Dazu eignet sich die sog. „Sandwich-Methode“. Das bedeutet:

....

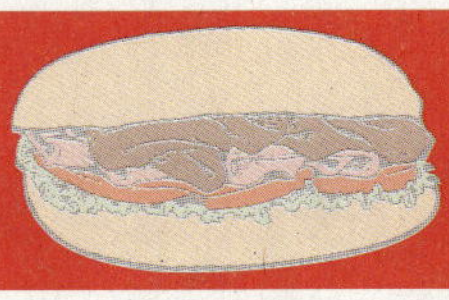	**Beispiel 1:**	**Beispiel 2:**
Produktargument 1	„Der Bierschinken ist 1a-Qualität.“	....
Preisnennung	„100 g kosten 0,95 €.“	....
Produktargument 2	„Er enthält eine magere Einlage, ist fettarm und eignet sich besonderes gut für das Pausenbrot Ihrer Kinder.“	....

d) Ergänzungsangebote empfehlen

Ergänzungsangebote sind: ....

....

....

Merke: ....

Beispiele:

- „Darf ich Ihnen für das Füllen der Cordon bleus noch gekochten Schinken und Gouda anbieten?“
- Eigenes Beispiel: ....
....
- Eigenes Beispiel: ....
....

Merke: Die unverbindlichen Fragen .... oder .... sind zu unpersönlich und wenig motivierend für den Kunden, zusätzlich noch etwas zu kaufen.

e) Zusatzangebote empfehlen

Der Verkäufer bietet dem Kunden zusätzlich andere Artikel aus der Produktpalette zum Kauf an. Das bezeichnet man als: ....

Resultat: Der Kunde kauft mehr ein, als er eigentlich vorhatte.

Wichtig für den Verkauf:

- ....
- ....

Name: .... *Klasse:* .... *Datum:* ....

f) Alternativangebote empfehlen

Ist eine vom Kunden verlangte Ware nicht vorrätig oder wird sie nicht geführt, ...

....

Zu beachten ist:

- Dem Kunden das Gefühl geben, dass es sich dabei ....
  ....
- Formulierungen, die die eigenen Waren abwerten, vermeiden.
- ....
  ....
- ....
  ....

- Analysieren Sie die vier Fallsituationen aus dem Fachbuch (→ Schülerbuch Seite 37 f.) in Bezug auf Kundentyp, Fehler des Verkäufers im Gesprächsverlauf, Reaktion des Kunden.
- Planen Sie Lösungsalternativen und einen verbesserten Gesprächsverlauf.
- Überlegen Sie sich, welche Waren Sie jeweils anbieten würden.

Planen

Beispiel 1:

Phase des Verkaufsgesprächs	Person	verbesserter Gesprächsverlauf: → Formulierungen/Fragen des Verkäufers → Antworten/Reaktion des Kunden

Führen Sie die Gespräche durch.

Durchführen

Bewerten Sie die Verkaufsgespräche gegenseitig und leiten Sie Verbesserungsmöglichkeiten ab.

Bewerten

4 AUF UNTERSCHIEDLICHE KUNDENTYPEN IM VERKAUFSGESPRÄCH EINGEHEN

Wiederholen

1. Jeweils zwei Bausteine ergeben eine sinnvolle Aussage. Treffen Sie die entsprechende Zuordnung, z. B. 1A–5B. Zur besseren Übersicht können Sie die einzelnen Paare auch farbig markieren.

	1	2	3	4	5
A	Unter einem Kaufmotiv versteht man …	Ist eine vom Kunden verlangte Ware nicht vorrätig, …	… kommt nur gelegentlich oder „zufällig" zum Einkaufen ins Fachgeschäft.	… das Empfinden eines Mangels an Dingen mit dem Wunsch, diesen Mangel zu beseitigen.	… kauft regelmäßig im Geschäft ein und wird mit Namen begrüßt.
B	Mit den Eigenschaftswörtern sauer, salzig, würzig, scharf …	Sandwich-Methode bedeutet, …	Bequemlichkeit …	… die Nennung des Preises wird zwischen verschiedene Verkaufsargumente eingebettet.	… den Grund, der einen Käufer zum Kauf bewegt.
C	… ist die Beschaffenheit (Konsistenz).	Der Laufkunde …	… empfiehlt der Verkäufer nach Möglichkeit eine gleichwertige/ähnliche Ware.	Ein mögliches Produktargument …	… ist ein Kaufmotiv.
D	Unter einem Bedürfnis versteht man …	Die Bezeichnungen fettarm, jodsalzhaltig, eiweißreich, bekömmlich, vollwertig …	… kann man den Geschmack von Waren beschreiben.	Der Stammkunde …	… geben Auskunft über gesundheitliche Aspekte von Waren.

……………………………………………………………………………………

2. Wenden Sie für folgende Artikel die Sandwich-Methode an. Empfehlen Sie auch geeignete Ergänzungsangebote.

- Lachsschinken

……………………………………………………………………………………

……………………………………………………………………………………

……………………………………………………………………………………

……………………………………………………………………………………

- Weichkäse

……………………………………………………………………………………

……………………………………………………………………………………

……………………………………………………………………………………

- Cordon bleu (küchenfertig)

……………………………………………………………………………………

……………………………………………………………………………………

……………………………………………………………………………………

……………………………………………………………………………………

Orientieren

Informieren

Name: .... **Klasse:** .... **Datum:** ....

Frau Bach nimmt sich für die nächste Teambesprechung die Optimierung der Abschlussphase und der Verabschiedung des Kunden vor. Sie fordert ihre Mitarbeiter auf, die ausgearbeiteten Lösungsvarianten der Negativbeispiele (vgl. Kapitel 4) hinsichtlich des Verkaufsabschlusses und der Verabschiedung zu überprüfen und zu optimieren.

A Abschlussphase zur Herbeiführung des Kaufentschlusses gestalten

Wenn der Kunde vom Nutzen der Ware überzeugt und zum Kauf bereit ist, bringt er dies durch sein Verhalten zum Ausdruck. Wichtig ist, dass der Verkäufer diese Signale erkennt und den Kunden bei der Entscheidungsfindung unterstützt.

a) Signale des Kunden erkennen

Körpersprachliche Kaufsignale:

zustimmendes Kopfnicken des Kunden

....

....

....

Sprachliche Kaufsignale:

Der Kunde fragt nach Einzelheiten.

....

....

....

b) Abschlusstechniken anwenden

Ziele:

- ....
- ....

Dazu eignen sich folgende Abschlusstechniken:

Abschlusstechnik	Beschreibung
Kaufempfehlung aussprechen	Der Verkäufer übt mit sachbezogenen Formulierungen („Es empfiehlt sich …") seine Funktion als Berater des Kunden aus. Er begründet seine Empfehlungen und vermeidet, Produkte aufzudrängen.
....	Der Verkäufer fasst die Vorteile, die in der Argumentation schon genannt und vom Kunden bestätigt wurden, gestrafft zusammen. Das stärkste Argument nennt er am Schluss. Der Kunde soll erkennen, dass seine genannten Vorstellungen mit dem Kauf erfüllt sind.
....	Der Verkäufer spricht mit dem Kunden so, als ob dieser seine Entscheidung schon getroffen bzw. die Ware schon gekauft hätte.
....	Der Verkäufer schränkt die vorgelegte/angebotene Auswahl gegen Ende des Verkaufsgesprächs immer mehr ein. Dadurch lenkt er die Aufmerksamkeit des Kunden auf einen bestimmten Artikel/eine bestimmte Warengruppe.
....	Der Verkäufer stellt zwei positive Alternativen zur Wahl vor, zwischen denen sich der Käufer entscheiden muss. Die Frage, ob der Kunde etwas kaufen will, klammert er geschickt aus.
....	Der Verkäufer stellt mehrere Rückfragen, die der Kunde voraussichtlich nur mit „Ja" beantworten wird. Durch das Sammeln der zustimmenden Antworten erkennt der Kunde, dass seine Wünsche durch den Kauf erfüllt werden.
„Der Delikatessfleischsalat ist aus den besten Zutaten nach firmeneigener Rezeptur hergestellt. Er ist mild gewürzt und passt sehr gut zu Kochschinken."	....
„Für Ihre Party ist dieser sicherlich eine gute Ergänzung."	....

Name: .... *Klasse:* .... *Datum:* ....

B Vorgehen nach der Kaufentscheidung

Ziel: Die Abschlussphase des Verkaufsgesprächs so gestalten, dass der Verkäufer

- ....
- ....
- ....

Dies geschieht durch:

a) Kaufentscheidung bestätigen

Hat der Kunde nach dem Kauf noch Zweifel und Bedenken, sollte der Verkäufer folgendermaßen vorgehen:

Gründe nennen, ...

....

b) Tipps, Hinweise und Anregungen geben

Beispiele	Hinweis auf
„Sie wollen die verschiedenen Käsesorten und Käsewürfel auf einer Platte dekorativ mit Früchten anrichten. Das ist wirklich eine tolle Idee."	
„Sie werden sehen, die Chilisoße und die Kräuterbutter passen wirklich hervorragend zu den Nackensteaks."	
„Fleisch liefert einen wichtigen Beitrag zu einer vollwertigen Ernährung. Die Putenbrust ist eiweißreich und fettarm. Sie haben sicherlich eine gute Wahl getroffen."	
„Unser beschichtetes Papier hält den Aufschnitt lange frisch. Sie können diesen ohne Bedenken einige Tage im Kühlschrank aufheben."	
„Ihr Mann wird froh sein, dass er die Waren nicht abholen muss."	

Eigene Beispiele:

....

....

....

....

C Beendigung des Verkaufsgesprächs und Verabschiedung

Hat der Kunde keine weiteren Wünsche mehr, dann beginnt die letzte Phase des Verkaufsvorgangs.

Ziel:

- ....
- ....
  ....
- ....
  ....

Planen

Überarbeiten Sie die Abschlussphasen der Verkaufsgespräche aus dem Fachbuch (➔ Schülerbuch Seite 37 f.).

Durchführen

Führen Sie die Verkaufsgespräche gemäß Planung durch. .

Bewerten

Bewerten Sie diese und leiten Sie Verbesserungsmöglichkeiten ab.

Wiederholen

Kunden in Ihrem Fachgeschäft haben sich für die unten aufgeführten Waren entschieden. Formulieren Sie jeweils Aussagen, die den Kunden in seiner Entscheidung nachträglich bestärken, bzw. geben Sie ihm ggf. weitere Tipps und Anregungen im Umgang mit der gekauften Ware.

Waren	Aussagen des Verkaufspersonals
Schnitzel	Diese Schnitzel sind besonders eiweißreich und fettarm. Vielleicht haben Sie gestern den Artikel in der Tageszeitung über die Regeln für eine vollwertige Ernährung gelesen? Sie haben sicherlich eine gute Wahl getroffen.
Schweinefilet am Stück, roh	....
Schweinebraten aus der heißen Theke	....

Name: .... Klasse: .... Datum: ....

Sie erhalten die Aufgabe, Verkaufsgespräche mit verschiedenen Kundengruppen (Kinder/Jugendliche, Senioren, englischsprachige Kunden) vorzubereiten und in Rollenspielen zu üben.

Orientieren

Informieren

A Kinder und Jugendliche

Kinder und Jugendliche stellen eine wichtige Kundengruppe dar.

Man bezeichnet sie auch als die ....

Gründe dafür sind:

- ....
  ....
- ....
- ....

a) Regeln im Umgang mit Kindern und Jugendlichen

Begrüßung:	....
Beratung:	....
Alternativangebote:	....
Kinder in Begleitung Erwachsener:	....
Kinder ohne Begleitung mit Einkaufszettel:	....

b) Rechtliche Vorschriften

Alkohol und Zigaretten

Abgabe von	Ab einem Alter von
alkoholischen Getränken	....
Spirituosen, spirituosenhaltigen Mixgetränken	....
Tabakwaren	....

Merke: ....

....

Vorsichtsmaßnahme: ....

....

....

Geschäftsfähigkeit

nicht geschäftsfähig	beschränkt geschäftsfähig	voll geschäftsfähig
.... Jahren	.... Jahren	.... Jahren

Was besagt der sog. „Taschengeldparagraf" (§ 110 BGB)?	Was gilt für andere Kaufverträge?
....	....
Beispiel: Wareneinkäufe für die Pausen- oder Mittags-verpflegung Eigenes Beispiel:	Beispiel: Fingerfoodbüfett für 20 Personen für die Party zum 14. Geburtstag Eigenes Beispiel: ....

Name: .... *Klasse:* .... *Datum:* ....

B Senioren

Als Senioren bezeichnet man alle Personen, welche ....

Regeln im Umgang mit Senioren

Allgemein gilt:	....
Begrüßung:	....
Beratung:	....
Senioren mit Hör- und/oder Sehschwierigkeiten:	....
Senioren mit Gehbehinderung:	....
Weitere Serviceleistungen:	....

C Kunden anderer Muttersprache

Regeln im Umgang mit Kunden anderer Muttersprache

Verständnis für die ....

....

....

der ausländischen Kunden zeigen.

....

....

....

....

....

....

....

....

....

....

....

....

....

....

D Singles

Erläutern Sie kurz, was diese besondere Käufergruppe bevorzugt:

- ………………………………………
- ………………………………………
- ………………………………………
- ………………………………………

Planen

Planen Sie für folgende Verkaufssituationen Verkaufsgespräche.

1. Kind (9 Jahre) kommt ins Geschäft und möchte ein belegtes Baguette kaufen.
2. Kind (8 Jahre) kauft für die Oma ein. Es hat einen Einkaufzettel der Oma und ausreichend Geld dabei.
3. Eine gehbehinderte Seniorin (hinkend, mit Stock) kommt ins Geschäft und möchte von Ihnen eine Empfehlung für ein vollwertiges und schmackhaftes Mittagessen.
4. Ein englischsprachiger Kunde kommt ins Geschäft und möchte Würstchen und Schinken kaufen.

Notieren Sie jeweils typische Formulierungen/Fragen bzw. die zu erwartende Kundenreaktion in den einzelnen Gesprächsphasen.

Phase des Verkaufsgesprächs	Person	Gesprächsverlauf: → Formulierungen/Fragen des Verkäufers → zu erwartende Antworten/Reaktion des Kunden

Durchführen

Führen Sie die Gespräche durch.

Bewerten

Analysieren Sie die Verkaufsgespräche und leiten Sie Verbesserungsvorschläge ab.

Wiederholen

1. a) Ermitteln Sie für ausgewählte Waren aus dem Sortiment Ihres Ausbildungsbetriebs die englischen Bezeichnungen und üben Sie die Aussprache.
   b) Legen Sie ggf. eine Lernkartei an:
      - Vorderseite: englische Bezeichnung oder Redewendung
      - Rückseite: deutsche Bezeichnung, Übersetzung
2. Antworten Sie in englischer Sprache.
   - Eine englischsprachige Kundin kommt morgens zu Ihnen ins Geschäft. Begrüßen Sie sie und fragen Sie sie, was Sie möchte.
   - Sie zeigt auf die Weißwürste und möchte von Ihnen wissen, wie diese Wurstsorte heißt.
   - Sie empfehlen ihr zusätzlich süßen Senf.
   - Sie fragen, ob die Kundin noch einen weiteren Wunsch hat.
   - Sie nennen den Preis und geben 11,35 € Wechselgeld zurück.
   - Sie verabschieden sich, bedanken sich für den Einkauf und wünschen einen guten Tag.

Name: Klasse: Datum:

Frau Mayer und Frau Hausmann führen in der Fleischerei Baringer ein Streitgespräch über Fett- und Wassergehalt von Gelb- und Leberwurst. Sie sollen beide Kundinnen mit Argumenten von Ihrem Wurstangebot überzeugen.

Orientieren

Informieren

A Brühwürste

a) Einteilung der Brühwürste nach den Leitsätzen

2.22 Brühwürste

2.221	**2.222**	**2.223**	**2.224**
....	....	....	....

Beispiele:	**Beispiele:**	**Beispiele:**	**Beispiele:**
....	....	....	....

b) Herstellung der Brühwürste

Ausgangsmaterial	....
Wichtigste Maschine	.... 
Herstellungsablauf	....

c) Verkaufsargumente, Zubereitung, Lagerung und Zusatzangebote

Produkte	Verkaufsargumente/ Zubereitung/Verwendung	Lagerung/Haltbarkeit	Zusatzangebote
Brühwurst ▸ weiße Ware ▸ Ringware, Stückware ▸ Würstchen ▸ Halbdauerwaren ▸ Aufschnittware	▸ zum Heißverzehr ▸ .... ▸ .... ▸	▸ gekühlt bei 2–4 °C: 1–3 Tage ▸ geräucherte Ware: .... ▸ .... ▸	....

Name: .... Klasse: .... Datum: ....

B Kochwürste

a) Einteilung der Kochwürste nach den Leitsätzen

2.231	2.232	2.233
....	....	....

2.232: z. B. ....

2.231.1	2.231.2	2.231.3	2.233.1	2.233.2	2.233.3
....	....	....	....	....	....
z. B.	z. B.	z. B.	z. B.	z. B.	z. B. ....

b) Zusammensetzung und Besonderheiten

Beschreiben Sie Zusammensetzung und Besonderheiten der Kochwürste in Stichpunkten.

....

....

....

c) Verkaufsargumente, Zubereitung, Lagerung und Zusatzangebote

Produkte	Verkaufsargumente/ Zubereitung/Verwendung	Lagerung/Haltbarkeit	Zusatzangebote
Kochwurst ▸ Kochstreichwürste ▸ Blutwürste ▸ Sülzen	▸ .... ▸ .... ▸	▸ .... ▸ .... ▸ Ware in undurchlässigen Kunstdärmen: .... ▸	....

C Kochpökelwaren

a) Einteilung der Kochpökelwaren nach den Leitsätzen

2.3 Gegarte Pökelfleisch-Erzeugnisse

z. B. ....

....

....

....

b) Zusammensetzung und Besonderheiten

Kochpökelwaren werden gespritzt mit: .... Deshalb .... Nach dem Pökelprozess werden sie meist leicht .... Manche Erzeugnisse werden erst nach dem Garen im erkalteten Zustand .... Ist in den Leitzsätzen nichts anderes angegeben, so handelt es sich bei Kochpökelwaren in der Regel um Teile .... Ansonsten wird die Tierart angegeben, z. B. ....

c) Verkaufsargumente, Zubereitung, Lagerung und Zusatzangebote

Produkte	Verkaufsargumente/ Zubereitung/Verwendung	Lagerung/Haltbarkeit	Zusatzangebote
Kochpökelwaren ◗ Kochschinken ◗ sonstige Kochpökelwaren	◗ .... ◗ .... ◗ .... ◗	◗ .... ◗ .... ◗	....

Name: .... **Klasse:** .... **Datum:** ....

Erstellen Sie einen Stichwortzettel mit Argumenten für Ihr Wurstangebot und eine Checkliste, die Kriterien für die Überzeugungskraft Ihrer Argumente und eine Kundenorientierung für die Gesprächsführung enthält.

Planen

Führen Sie ein Beratungsgespräch in Form eines Rollenspiels in Ihrer Klasse durch.

Durchführen

Die Klasse bewertet anschließend das Beratungsgespräch.

Bewerten

Wiederholen

1. 15,0 kg frische Wiener wurden geräuchert und gebrüht. Nach der Herstellung wiegen sie 14,1 kg. Wie hoch ist der Herstellungsverlust in Prozent?

2. Erfahrungsgemäß verlieren Debrecziner beim Räuchern und Brühen 8,5 % an Gewicht. Eine Charge wiegt nach der Herstellung 15,555 kg. Wie viel wogen die Würstchen vor der Herstellung?

3. Die Verkäuferin Sonja benötigt für eine Kundin 132 Scheiben Bierschinken. Da diese zum Belegen von Platten verwendet werden sollen, müssen alle gleich groß sein. Sechs Scheiben wiegen 100 g. Eine ganze Stange Bierschinken wiegt 2,5 kg. Sonjas Meister rät ihr, die Wurstenden dafür nicht aufzuschneiden. Erfahrungsgemäß machen diese insgesamt 8 % von der Stange aus. Reicht eine Stange Bierschinken? Oder bleibt sogar noch etwas übrig?

4. Berechnen Sie den Fett- und den Eiweißgehalt einer Rezeptur Fleischkäse nach dem Backen in Prozent. Die Rezeptur sieht wie folgt aus: 15,0 kg R II, 10,0 kg R III, 20,0 kg S II, 30,0 kg S VII, 25,0 kg Eis und insgesamt 3,2 kg an Zutaten. Das R II hat 20 % Fleischeiweiß und 8 % Fett, das R III 19 % Fleischeiweiß und 12 % Fett, das S II 19 % Fleischeiweiß und 8 % Fett und das S VII 5 % Fleischeiweiß und 78 % Fett. Beim Backen gingen 18 % des Gewichts verloren.

5. Ein Kochschinken wiegt nach der Herstellung im ausgekühlten Zustand 6,375 kg. Beim Ausbeinen und Zuschneiden der Schweinekeule fielen 25 % an Knochen und Zuschnitten an. Der zugeschnittene Schinken wurde mit 20 % Lake gespritzt. Beim Garen und Räuchern gingen 15 % an Gewicht verloren. Wie viel Kilogramm wog die Schweinekeule?

6. Das zugeschnittene Schinkenfleisch einer Keule von 8,0 kg wurde mit Lake gespritzt. Beim Garen gingen 10 % an Gewicht verloren. Der fertige Kochschinken wiegt 8,64 kg.
Berechnen Sie die Lakemenge, die in das Fleisch eingespritzt wurde, in Kilogramm und Prozent.

7. Sie schneiden aus einem Kochschinken 750 g hauchdünne Scheiben auf. Das Reststück wiegt 2,1 kg. Beim vorhergehenden Garen verlor der Schinken 12 % seines Gewichts. Der Meister hatte 15 % Lake in das Fleisch eingespritzt.
Wie viel Kilogramm wog das frische Schinkenfleisch?

8. Lösen Sie das Kreuzworträtsel.

1. Welches Fleisch wird zur Herstellung von Brühwurst verwendet?
2. Wie heißt der Oberbegriff für alle Wursterzeugnisse in den Leitsätzen?
3. Wie heißt ein Brühwurst-Erzeugnis, das in der Form gebacken wird?
4. Wie werden Wiener Würstchen häufig gegessen?
5. Wie darf der Fleischkäse in Bayern noch genannt werden?
6. Wie bieten Sie am besten einen Bierschinken in kleinen Portionen an?
7. Was isst man gerne zu heißen Würstchen?
8. Kochpökelwaren in gehobener Qualität können aus diesem Teil stammen.
9. Wie heißt das Erzeugnis aus zwei zusammengefügten Kotelettsträngen?
10. Welche Erzeugnisse dienen oft als Ergänzung zum Aufschnitt?
11. Welches Gemüse passt gut zu Kochschinken?
12. Wie heißt eine Untergruppe der Sülzwürste?
13. Was passt als Beilage zu Kochpökelwaren und gebratenen Bratwürsten?
14. Wozu eignet sich Leberwurst sehr gut?
15. Wie nennt man eine Kochwurst, die mit Blut hergestellt wurde?
16. Welchen Vorgang durchläuft ein Kochschinken, wenn er umrötet?
17. Wie nennt man gefüllte Tierkörper auch?

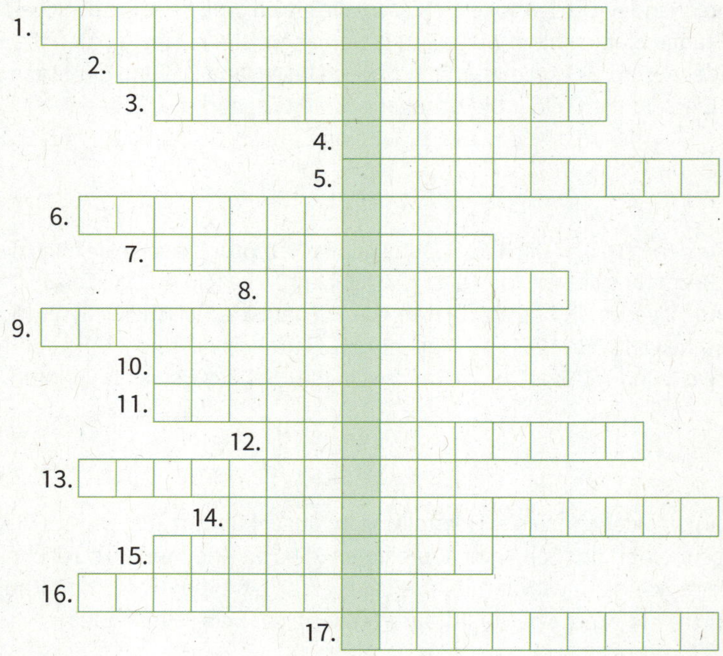

Lösungswort:

Name: Klasse: Datum:

Anja Maibaum soll sich im Auftrag ihrer Verkaufsleiterin über Rohwurst und Rohpökelwaren informieren, um demnächst die Kunden beim Verkauf beraten zu können.

Orientieren

Informieren

A Rohwürste

a) Einteilung der Rohwürste nach den Leitsätzen

2.21 Rohwürste

2.211 ……………………

2.212 ……………………

feinkörnig, z. B.	mittelkörnig, z. B.	grobkörnig, z. B.	fein zerkleinert, z. B.	grob, z. B.
…………	…………	…………	…………	…………
…………	…………	…………	…………	…………
…………	…………	…………	…………	…………
…………	…………	…………	…………	…………
…………	…………	…………	…………	…………
…………	…………	…………	…………	…………
…………	…………	…………	…………	…………
…………	…………	…………	…………	…………
…………	…………	…………	…………	…………
…………	…………	…………	…………	…………
…………	…………	…………	…………	…………
…………	…………	…………	…………	…………
…………	…………	…………	…………	…………
…………	…………	…………	…………	…………
…………	…………	…………	…………	…………
…………	…………	…………	…………	…………
…………	…………	…………	…………	…………

b) Zusammensetzung und Besonderheiten

Woraus werden schnittfeste Rohwürste hergestellt?	Schnittfeste Rohwürste werden hergestellt aus ....
Von welchen Tieren stammt das Fleisch, wenn in der Bezeichnung nicht auf eine andere Tierart hingewiesen wird?	
Werden charakterbestimmende Fleischmengen von anderen Tieren verarbeitet, so muss dies aus der Bezeichnung der Wurst hervorgehen. Nennen Sie Beispiele.	
Mit welchen Pökelstoffen werden die meisten schnittfesten Rohwürste hergestellt?	
Warum gibt man bei der Herstellung von Rohwürsten Zucker hinzu?	
Welche Umstände führen zu einer langen Haltbarkeit der Rohwürste?	
Wodurch unterscheidet sich die Rohstoffauswahl bei der Herstellung von streichfähigen Sorten? Begründen Sie dies.	
Warum sind streichfähige Rohwürste zum alsbaldigen Verkauf bestimmt?	

c) Verkaufsargumente, Zubereitung, Lagerung und Zusatzangebote

Produkte	Verkaufsargumente/ Zubereitung/Verwendung	Lagerung/Haltbarkeit	Zusatzangebote
Rohwurst ◗ streichfähig ◗ schnittfest	◗ ◗ ◗	 ◗ ◗	

Name: Klasse: Datum:

B Rohpökelwaren

a) Einteilung der Rohpökelwaren nach den Leitsätzen

2.4 Rohe Pökelfleisch-Erzeugnisse

2.41	2.42
....	....

z. B.

z. B.

b) Unterscheidung nach den verwendeten Fleischteilen

Kreuzen Sie an.

Rohpökelwaren	Oberschale	Unterschale	Nuss	Hüfte
Knochenschinken				
Kernschinken				
Spaltschinken				

c) Zusammensetzung und Besonderheiten

Mit welchen Pökelstoffen werden Rohpökelwaren hergestellt?	....
Welche Veränderungen treten während des Pökel- und Reifeprozesses auf?	....
Welche Vorteile erzielt man bei Rohschinken durch einen langen Reifeprozess?	....
Wie werden diese Produkte aufgeschnitten?	....
Was setzt die Bezeichnung „naturgesalzen“ voraus?	....
Aus welchen Teilen der Grobzerlegung werden Rohschinken hergestellt?	....
Wird Schinken aus der Keule anderer Tiere hergestellt, so wird der Schinken dementsprechend benannt. Nennen Sie Beispiele.	....
Nennen Sie Beispiele für Rohpökelwaren, die nicht aus dem Schweineschlegel hergestellt sind.	....

d) Verkaufsargumente, Zubereitung, Lagerung und Zusatzangebote

Produkte	Verkaufsargumente/ Zubereitung/Verwendung	Lagerung/Haltbarkeit	Zusatzangebote
Rohpökelwaren ◗ Rohschinken ◗ sonstige Rohpökelwaren	◗ .... ◗	.... ◗ .... ◗	....

Name: .... Klasse: .... Datum: ....

Planen

Erstellen Sie einen Kriterienkatalog mit Argumenten für Zubereitung, Verwendung, Zusatzangebote und Haltbarkeit von Rohwürsten und Rohpökelwaren.

Durchführen

Führen Sie ein Beratungsgespräch in Form eines Rollenspiels durch.

Bewerten

Nehmen Sie eine Bewertung mit der schon bekannten Checkliste vor.

Wiederholen

1. Für das Belegen von Wurstplatten wird Salami hergestellt. Die frische Masse wiegt nach dem Abfüllen in die Därme 15,0 kg. Erfahrungsgemäß verlieren die Würste beim anschließenden Naturreifen 30 % ihres Gewichts. Beim Aufschneiden im Laden gehen nochmals 100 g Gewicht verloren. Dies ist bedingt dadurch, dass die Wurstenden nicht ganz verwendet werden können. Eine Salamischeibe soll 12,5 g wiegen. Wie viele Scheiben können geschnitten werden?

2. Aus einem Rohschinken werden 150 dünne Aufschnittscheiben geschnitten. Da nur ein gleichmäßig großes Stück verwendet wird, wiegt eine Scheibe 50 g. An Zuschnitten sind 300 g angefallen. Bei der Pökelung verlor der Schinken 22 % an Gewicht.
Wie viel Kilogramm wog der Schinken vor der Pökelung?

3. Aus einer Schweinekeule wurde ein Bauernschinken hergestellt. Dieser wiegt nach der Fertigstellung 8,55 kg. Beim Ausbeinen und Zuschneiden gingen 12 %, beim Salzen und dem anschließenden Räuchern 25 % und bei der Nachreifung nochmals 5 % an Gewicht verloren. Wie viel Kilogramm wog die Schweinekeule?

4. Ein Rohschinken setzt sich aus 6,0 kg magerem Fleisch, 1,5 kg Fett und 0,5 kg Schwarten zusammen. Wie hoch ist der Fettanteil im Schinken in Prozent?

5. Ein zugeschnittenes Fleischstück für Rohschinken wiegt 8,4 kg. Es setzt sich zusammen aus 7,2 kg Magerfleisch und 1,2 kg Speck.

a) Berechnen Sie den Eiweiß- und Fettgehalt des gesamten Stücks in Kilogramm und Prozent, wenn das Magerfleisch 8 % Fett sowie 19 % Eiweiß und der Speck 70 % Fett sowie 5 % Eiweiß enthalten.

b) Berechnen Sie den Eiweiß- und Fettgehalt des fertig gereiften Schinkens in Prozent, wenn dieser bei der Herstellung 35 % an Gewicht verloren hat.

5. Finden Sie in diesem Wortsuchrätsel zwölf Begriffe zum Thema „Rohwürste und Rohpökelwaren“ und kennzeichnen Sie diese mit einem Stift (senkrecht/waagerecht und diagonal). Erläutern Sie diese Begriffe kurz.

U	F	P	O	L	C	B	F	P	I	A	S	L	B	M	Z	I	K	G	P	U	S	N	O	N	Z	E
P	P	E	P	O	K	A	T	E	N	R	A	U	C	H	S	C	H	I	N	K	E	N	K	J	P	T
C	T	R	H	J	K	L	O	Z	U	I	O	P	F	G	H	J	K	L	A	S	S	I	D	F	G	H
L	D	S	Z	T	R	E	E	A	S	D	F	G	H	J	K	L	L	K	J	H	G	T	G	F	D	S
R	M	O	P	U	I	O	P	E	R	A	S	D	F	G	T	Z	U	I	R	E	H	S	B	N	M	E
I	O	N	T	F	I	O	N	V	C	D	E	B	R	E	C	Z	I	N	E	R	E	S	A	E	R	T
N	Q	A	Z	T	E	L	E	S	C	H	O	U	T	E	W	E	T	T	Q	N	G	C	R	E	Q	A
D	U	L	I	O	P	F	P	I	U	Z	T	R	E	Q	A	S	D	F	G	H	J	T	R	L	P	O
E	S	H	E	Q	A	S	F	D	F	G	H	J	K	L	P	O	Z	U	T	R	E	E	A	A	S	D
R	I	I	K	L	O	U	Z	E	O	I	U	Z	T	E	R	Q	A	S	D	F	G	R	E	J	K	L
R	F	R	G	F	D	S	A	E	R	R	T	Z	U	I	I	O	P	L	K	J	H	K	U	G	F	D
A	E	S	S	T	Z	U	I	P	Z	S	O	I	U	Z	T	R	E	Q	E	R	W	A	C	F	E	N
U	H	C	P	C	I	U	Z	R	E	A	A	E	R	T	Z	U	I	O	P	L	K	N	H	H	H	G
C	R	H	A	S	H	F	G	J	F	L	I	E	R	T	Z	U	I	O	P	Q	E	T	E	E	R	T
H	D	F	S	I	N	I	E	T	I	R	N	A	C	E	R	V	E	L	A	T	W	U	R	S	T	U
F	U	L	J	K	L	P	N	U	Z	T	U	R	L	K	R	Q	A	S	E	R	E	O	E	Z	U	I
L	R	E	O	P	O	I	U	K	T	R	E	E	A	T	C	D	F	T	E	R	T	L	N	U	I	O
E	J	I	I	O	P	I	O	Z	E	R	E	Q	H	S	S	H	R	A	S	D	F	G	D	H	J	K
I	T	S	T	R	E	Q	A	F	L	N	I	S	C	S	Z	E	E	L	E	N	Q	P	E	R	T	Z
S	Q	C	R	T	T	Z	E	T	Z	U	P	O	P	O	T	P	O	N	U	Z	T	I	N	E	Q	A
C	E	H	F	T	G	H	N	J	I	K	O	L	L	Z	P	U	I	U	J	K	L	N	T	R	E	Q
H	D	S	H	J	J	J	U	O	P	O	I	U	O	Z	T	R	E	E	Q	E	R	T	A	S	D	F
L	Z	A	T	G	Q	E	S	U	I	O	P	E	A	C	D	F	G	C	H	J	K	P	L	K	J	H
G	G	L	A	C	H	S	S	C	H	I	N	K	E	N	K	G	H	J	K	L	L	K	J	H	G	F
E	A	A	R	M	I	K	S	O	R	G	A	N	I	S	M	W	N	D	E	S	T	G	F	S	A	R
S	U	M	P	O	I	U	C	R	E	Q	A	C	A	S	D	F	U	H	J	K	S	I	O	P	J	K
T	G	I	T	H	E	H	H	L	L	O	I	U	K	U	Z	T	R	R	E	Q	A	P	D	F	G	H
E	K	I	U	R	Z	R	I	A	S	D	F	G	H	Z	Q	E	R	T	S	U	I	O	E	L	K	I
Z	S	T	C	G	H	A	N	F	G	H	J	K	L	P	L	O	U	Z	T	T	R	E	Q	C	S	D
E	E	S	E	R	T	G	K	J	K	L	F	I	P	D	I	A	I	T	E	U	D	I	E	N	K	Q
U	J	Z	U	I	O	P	E	O	I	U	Z	T	R	E	Q	A	I	A	S	D	F	F	G	H	J	K
H	I	A	S	D	F	G	N	Z	U	T	R	U	T	H	A	H	N	S	C	H	I	N	K	E	N	O
A	I	C	V	B	N	L	K	N	H	G	F	D	S	S	A	Y	X	C	C	E	R	T	Z	U	I	O
I	N	S	D	F	G	H	J	L	E	Q	E	R	T	Z	U	I	O	P	Y	H	X	C	V	B	N	K

Erläuterungen:

Name: Klasse: Datum:

Anja Maibaum macht der Kundin Frau Staudacher den Vorschlag, ihr Büfett aus dem kalten Bratensortiment sowie aus verschiedenen Spezialitäten zusammenzustellen. Frau Staudacher ist von der Idee begeistert und bittet Anja, ihr mehr darüber zu erzählen.

Orientieren

Informieren

A Spezielle Fleischstücke und Fleischgerichte

a) Einteilung der speziellen Fleischstücke und -gerichte nach den Leitsätzen

2.5 Spezielle Fleischstücke und -gerichte

Braten

Definition: ....

....

....

....

....

....

....

....

....

Kalte Braten

Für das Angebot als kalte Braten eignen sich gut:

- ....
- ....
- ....
- ....
- ....
- ....
- ....

b) Herstellung und Zubereitungshinweise

Beschreiben Sie in Stichworten die Herstellung von Schweinebraten.	....
Welche Teile eignen sich besonders als Braten?	....
Beschreiben Sie in Stichworten die Herstellung von Roastbeef und die Vorgehensweise nach dem Braten.	....
Bei welchen Temperaturen sollten magere Fleischteile gegart bzw. fertiggestellt werden?	....
Was bildet sich beim Braten oder Grillen auf der Fleischoberfläche? Welche Auswirkungen hat dies?	....
Was bewirken zu hohe Temperaturen beim Garen von Braten?	....

c) Verkaufsargumente, Zubereitung, Lagerung und Zusatzangebote

Produkte	Verkaufsargumente/ Zubereitung/Verwendung	Lagerung/Haltbarkeit	Zusatzangebote
kalte Braten	◗ .... ◗ .... ◗	◗ .... ◗	....

Name: .... Klasse: .... Datum: ....

B Zusätzliche Spezialitäten

a) Verschiedene Produkte und Produktbeschreibungen

Spezialitäten sind häufig regional spezifisch und oft Spitzenprodukte von schon genannten Fleischerzeugnissen, z. B. Pasteten, Rouladen und Galantinen aus dem Brühwurstbereich.

Produkt	Produktbeschreibung (Definition, Herstellung)
Pasteten 	Pasteten werden hergestellt aus ....
Rouladen 	Rouladen bestehen aus ....
Galantinen 	Galantinen sind ....

3 KUNDEN BEI DER AUSWAHL VON KALTEN BRATEN UND SPEZIALITÄTEN IM VERKAUFSGESPRÄCH BERATEN

Produkt	Produktbeschreibung (Definition, Herstellung)
Pâtés 	Pâtés sind Erzeugnisse, ...
Terrinen 	Terrinen sind ....
Parfaits	Parfaits sind ....
Leberpasteten 	Leberpasteten werden ....
Rillettes 	Rillettes werden ....

Name: .... Klasse: .... Datum: ....

b) Verkaufsargumente, Zubereitung, Lagerung und Zusatzangebote

Produkte	Verkaufsargumente/ Zubereitung/Verwendung	Lagerung/Haltbarkeit	Zusatzangebote
Spezialitäten ▸ Brühwurstpasteten, Rouladen, Galantinen, gefüllter Schweinefuß ▸ Pâtés, Terrinen, Rillettes, Parfaits, Leberpasteten, Gemüsepasteten	▸ ... ... ▸	▸ ... ... ▸	... ...

Erstellen Sie einen Stichwortzettel für die Zubereitung und Verwendung von kalten Braten und zusätzlichen Spezialitäten für das kalte Büfett. Bereiten Sie Informationen über Zusatzangebote vor.

Führen Sie ein Beratungsgespräch in Form eines Rollenspiels durch.

Eine weitere Gruppe nimmt eine Bewertung des Rollenspiels mit der schon bekannten Checkliste vor.

1. Eine Leberpastete setzt sich aus 3,0 kg Schweineleber, 2,5 kg Bauchzuschnitten, 1,5 kg magerem Schweinefleisch und 0,5 kg Kesselbrühe zusammen. Berechnen Sie die einzelnen Bestandteile in Prozent.

2. Statt 1,5 kg magerem Schweinefleisch aus Aufgabe 1 sollen 2,5 kg verarbeitet werden. Berechnen Sie die Rezeptur nach der neuen Vorgabe.

3. Anstelle der 2,5 kg Bauchzuschnitte aus Aufgabe 1 sollen 4,5 kg verarbeitet werden. Berechnen Sie die Rezeptur nach der neuen Vorgabe.

4. Geben Sie zu den jeweiligen Anlässen Empfehlungen für Produkte und begründen Sie, warum Sie diese dem Kunden empfehlen.

Anlässe	Produkte/Begründungen
Eine Gruppe von Bergwanderern möchte für eine dreitägige Tour eine Verpflegung für tagsüber mitnehmen. Abends hat die Gruppe Gelegenheit, in einer Gaststätte ein warmes Essen einzunehmen.	Produkte: ... ... Begründung: ... ...
Frau Mayer möchte zum Abschluss einer Kindergeburtstagfeier ein kleines, preiswertes Büfett herrichten. Die Kinder sind im Alter von 8–10 Jahren.	Produkte: ... ... Begründung: ... ...
Die Sparkasse nebenan möchte für ein Meeting, das von 9–16 Uhr stattfindet, den Teilnehmern einen Imbiss anbieten. Mit Kaffee, Plätzchen und den normalen Tagungsgetränken werden sie schon versorgt.	Produkte: ... ... Begründung: ... ...
Ein Damenbekleidungsgeschäft möchte anlässlich der Neueröffnung einen Stehempfang mit Sekt ausrichten. Dazu sollen Kleinigkeiten aus der Fleischerei gereicht werden.	Produkte: ... ... Begründung: ... ...

Name: .... **Klasse:** .... **Datum:** ....

> Da ihre Chefin erkrankt ist, muss Svenja Kallenbach heute gemeinsam mit ihrer Kollegin Maria Krüger die Thekenbelegung vornehmen.

Orientieren

Informieren

A Voraussetzungen für die Thekenbelegung

Die drei Ziele (Dreiecksziele) bei der Gestaltung der Thekenbelegung sind:

- ....
- ....
- ....

a) Frischezustand der Produkte und Hygiene

Oberste Priorität beim Einräumen einer Theke sollten die Frische der Produkte und die Hygiene einnehmen. In die Theke sollten nur frische Fleisch- und Wurstwaren kommen.

Ausnahme: ....

Sehr entscheidend ist der .... auf der Ware. Dieser kann relativ niedrig gehalten werden, wenn ....

....

Um einen hygienischen Arbeitsablauf gewährleisten zu können, müssen folgende Punkte beachtet werden:

- ....
- ....
- ....
- ....
  ....
- ....
- ....

Kommt es häufiger vor, dass „alte Ware" in der Theke vorgefunden wird, so sind mögliche Fehlerquellen zu beseitigen:

- ....
- ....
- ....
- ....
- ....
- ....
  ....
- ....
- ....

b) Temperatur

Folgende Höchsttemperaturen sind bei der Warenlagerung gesetzlich vorgeschrieben:

- in der Theke (Fleisch und Wurst)
- im Kühlraum
- für Hackfleisch und Hackfleischerzeugnisse
- für verpacktes Hackfleisch mit Verbrauchsdatum von mehr als einer Tagesfrist – nur für zugelassene Betriebe nach EU-Verordnung
- Innereien, Geflügel und Wild
- Fisch, Meerestiere
- im Gefrierraum
- in Vorbereitungsräumen

B Thekenbelegungsplan

Folgende Informationen gehen aus einem Thekenbelegungsplan hervor: ....

Das Sortiment teilt sich in ein Pflicht- und ein Wahlsortiment.

Pflichtsortiment	Wahlsortiment
muss	ist ....
ist	

Entwickeln Sie eine Checkliste für eine optimal gestaltete Theke, die auf Ihren Betrieb anzuwenden ist.

Bei der Vorbereitung	Bei der Belegung
....	....
....	....
....	....
....	....
....	....
....	....
....	....
....	....

Name: .... Klasse: .... Datum: ....

C Kennzeichnung der Produkte nach den gesetzlichen Bestimmungen

Die Mengeneinheit für den Grundpreis für Lebensmittel, wie sie in einer Fleischerei vorzufinden sind, müssen wie folgt angegeben werden:

Lose Waren	....
Unverpackte Ware	....
Fertigpackungen	....

Erläutern Sie weitere Vorschriften für die Kennzeichnung von Lebensmitteln.

- Lebensmittelkennzeichnungsverordnung (LMKV):

  Regelt die Kennzeichnung von ....

- Allergenkennzeichnung:

  Benennt Zutaten, die ....

- Aromenverordnung:

  Aromen dürfen den Lebensmitteln nur zugesetzt werden, ...

- Zusatzstoff-..............................

  Zusatzstoffe werden verwendet, um ....

- N..............................

- ....

  Gilt für Lebensmittel, ... z. B. für folgende Personengruppen: ....

- ....

  Alle Geräte, die im geschäftlichen Verkehr verwendet werden, müssen ....

- ....

  Die Etikettierung von Rindfleisch ist für alle Betriebe verbindlich, ...

Planen

Durchführen

Bewerten

Wiederholen

Informieren Sie sich, welche Gesichtspunkte bei der Entwicklung eines Thekenbelegungsplans zu berücksichtigen sind. Erarbeiten Sie in Partnerarbeit, welche Vorüberlegungen Sie anstellen müssen, um eine optimale Thekenbelegung zu gewährleisten.

Fertigen Sie in der Gruppe einen Thekenbelegungsplan an.

Eine andere Gruppe überprüft den Thekenbelegungsplan nach der Sortimentsvielfalt und der richtigen fachlichen Anordnung.

1. Ihr Meister kauft zehn Schweine zu 1,25 €/kg Lebendgewicht. Diese wogen insgesamt 1 050 kg. Die Schlachtkosten betrugen je Schwein 3,45 €. Das Warmschlachtgewicht der Hälften erreichte 81 % vom Lebendgewicht. Beim Auskühlen gingen noch weitere 2 % an Gewicht verloren. Beim Zerlegen fallen 20 % an Knochen an, die wertlos sind. Die Nebenerlöse für die Innereien erbrachten je Stück 6,50 €. An Betriebskosten (Gemeinkosten) für die Zerlegung sind pro Kilogramm Kaltschlachtgewicht 0,55 € aufzuschlagen. An Betriebskosten (Gemeinkosten) für den Ladenbereich sind nochmals 42 % zu berücksichtigen. Des Weiteren sind 10 % Gewinn und die übliche Mehrwertsteuer hinzuzurechnen.
Berechnen Sie die folgenden Posten:

- das Kaltschlachtgewicht der Hälften
- das Gewicht des Fleischs ohne Knochen
- den Preis des Fleischs insgesamt nach dem Zerlegen
- den Selbstkostenpreis für das anfallende Schweinfleisch insgesamt
- den Selbstkostenpreis pro Kilogramm Schweinefleisch
- den Nettoverkaufspreis pro Kilogramm Schweinefleisch
- den Bruttoverkaufspreis pro Kilogramm Schweinefleisch

2. Berechnen Sie mit den Angaben aus Aufgabe 1 die folgenden Posten:

- den Verlust in Kilogramm vom Lebendgewicht zum Gewicht des Fleisches ohne Knochen
- den Verlust in Prozent vom Lebendgewicht zum Gewicht des Fleisches ohne Knochen
- den Aufschlag vom Selbstkostenpreis zum Bruttoverkaufspreis in Euro
- den Aufschlag vom Selbstkostenpreis zum Bruttoverkaufspreis in Prozent

3. Erstellen Sie eine Deklaration nach den gesamten rechtlichen Vorschriften von folgender Wurst. Rezeptur von Fränkischer Bratwurst: 6,0 kg S IV, 4,0 kg S II, 180 g Kochsalz, 20 g Pfeffer, 20 g Majoran, 10 Glutamat, 10 g Piment, 5 g Macisblüte. Die Bratwurst wird in Schweinedünndärme abgefüllt, im Kaltrauch geräuchert (dabei verliert sie 8 % des Gewichts) und in Portionen von 200 g vakuumiert zum Verkauf angeboten.

Name: Klasse: Datum:

Die Weihnachtszeit steht vor der Tür. Frau Baringer beauftragt Svenja Kallenbach, die Theke entsprechend neu zu dekorieren.

Orientieren

A Anlass- und saisonbezogene Thekenbelegung

Informieren

Um den Thekenbereich abwechslungsreicher und Umsatz steigernd präsentieren zu können, kann die Theke zu verschiedenen Gelegenheiten unterschiedlich bestückt werden. Da der Kunde die Mitte der Theke besonders wahrnimmt, ist diese beim Positionieren von Blickfängen besonders zu beachten. Tragen Sie eigene Ideen in die Tabelle ein:

Anlass	Produkte	Dekoration
Urlaub	Edelsalami, Wurstkonserven	Wanderrucksack
„Frankreich zu Gast“		
Saison	**Produkte**	**Dekoration**
Karneval		
„Schlank ins Frühjahr“		

B Bewertung der Thekenware

Für die Ermittlung des Verkaufspreises Ihrer Thekenware stehen Ihnen zwei Möglichkeiten zur Verfügung. Nennen Sie jeweils die passende Berechnungsformel:

Verkaufspreis	
Verkaufspreis	

Stellen Sie in Gruppenarbeit je ein Konzept für eine anlass- und eine saisonbezogene Thekenbelegung zusammen. Informationen können Sie sich aus Ihren Unterlagen und aus dem Internet holen. Erarbeiten Sie einen Kriterienkatalog zur Bewertung eines solchen Thekenabschnitts.

Planen

Belegen Sie in der Gruppe einen Thekenabschnitt nach einem Anlass oder einer Saison. (Sollte das nicht möglich sein, stellen Sie das Konzept der Klasse theoretisch vor.)

Durchführen

Bewerten

Die Gruppen bewerten gegenseitig ihre Arbeiten und notieren positive und negative Punkte.

Wiederholen

1. Die Kalkulation aus Kapitel 4, Aufgabe 1 (→ Seite XXX) ergab, dass von zehn Schweinen, die lebend 1 050 kg wogen, nach dem Zerlegen und Ausbeinen noch 666,792 kg an Fleisch ohne Knochen übrig waren. Das Kilogramm Fleisch muss im Durchschnitt für 4,36 € verkauft werden.
Wie viel Euro muss Ihr Meister insgesamt für dieses Fleisch im Verkauf erzielen?

2. Da nicht jedes Fleischteil für den in Aufgabe 1 ermittelten Kilogrammpreis verkauft werden kann, hat Ihr Meister die einzelnen Fleischteile nach seiner Kalkulation wie folgt bewertet:

Teilbezeichnung	Bewertungssatz	Gewichteter Preis	Gewichte	Gesamtpreis
Oberschale	175 %	€	30,2 kg	€
Unterschale mit Rolle	151 %	€	40,8 kg	€
Nuss	150 %	€	16,5 kg	€
Hüfte	150 %	€	17,6 kg	€
Schinkenhaxen	86 %	€	7,4 kg	€
Kamm	136 %	€	51,0 kg	€
Koteletts	116 %	€	74,5 kg	€
Lachsrücken ohne Kette	180 %	€	11,5 kg	€
Filet ohne Kette	225 %	€	17,6 kg	€
Bug	130 %	€	42,1 kg	€
Vordereisbein	80 %	€	15,0 kg	€
Bauch	95 %	€	54,8 kg	€
Brust	100 %	€	27,9 kg	€
Kopf	35 %	€	37,0 kg	€
Verarbeitungsfleisch	55 %	€	222,9 kg	€
			1 833,490 kg	€

a) Berechnen Sie die gewichteten Einzelpreise und tragen Sie diese in die Spalte „Gewichteter Preis“ ein.
b) Multiplizieren Sie die gewichteten Preise mit dem Gewicht und tragen Sie diesen Posten in die Spalte „Gesamtpreis“ ein.
c) Addieren Sie die Spalte „Gesamtpreis“ und überprüfen Sie, ob Sie auf die Summe von 2 908,84 € kommen.
d) Ist der Gesamtpreis höher als der kalkulierte Gesamtpreis, so ist die Differenz als Überdeckung zu sehen. Ist er niedriger als der kalkulierte Gesamtpreis, so ist eine Unterdeckung entstanden. Wie hoch ist die Über- bzw. Unterdeckung?

Name: .... Klasse: .... Datum: ....

Anja Maibaums Großmutter möchte verschiedene Aufschnittplatten zum Geburtstag. Da Anja in einem Fleischerfachgeschäft arbeitet, wünscht sich die Großmutter, dass Anja die Platten auch selber legt.

Orientieren

Informieren

A Auswahl an Platten

Um die richtige Platte auswählen zu können, ist es notwendig, beim Kunden erst einige Informationen einzuholen. Dazu muss der Kunde befragt werden.

Information	Beispiele/Begründung
Anlass der Bestellung	Hochzeit, Taufe, Konfirmation usw.
....	....
....	....
....	....
....	....
....	....

Welche Platte passt zu welchem Anlass?

Für rustikale Anlässe eignen sich:

- ....
- ....
- ....
- ....
- ....

Für besondere festliche Anlässe eignen sich:

- ....
- ....
- ....
- ....
- ....

B Vorbereiten der Materialien

a) Mengenempfehlung

Für feine Aufschnittplatten und Fischplatten: .... je nach Anlass bis ....

Werden noch Käse und Salate gereicht, genügen auch ....

Für rustikale Platten: .... bei hungrigen Personen auch bis ....

Auch hier gilt wieder: Sind zusätzlich andere Speisen vorhanden, wird .... benötigt.

b) Frische und Qualität

Die Aufschnittware muss .... sein. Grundsätzlich darf kein Material mit Fehlern verwendet werden,

z. B. ....

Aufschnitt ist in einer Stärke von .... zu schneiden. Roher Schinken wird in .... Scheiben

geschnitten. Pasteten, rustikale Würste und Ähnliches sollen bis .... stark sein.

C Legetechniken

Exaktes Legen ist oberstes Prinzip. Deshalb muss das Folgende beachtet werden:

- Abstände zu den Scheiben und Reihen einhalten.
- ....
- ....
- ....
- ....
- ....
- ....
- ....
- ....
- ....
- ....
- ....

Für das Legen von Platten gibt es eine Reihe von Legetechniken. Erläutern Sie diese kurz.

Umschlagtechnik: ....

....

....

....

....

Name: .... Klasse: .... Datum: ....

Halbierte Scheiben: ....

Rollen: ....

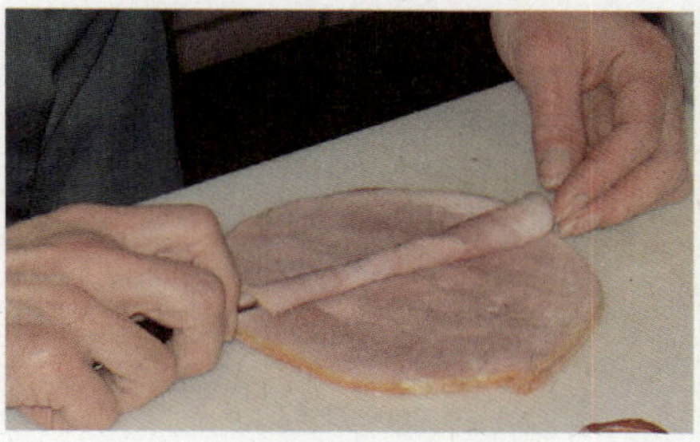

Tütchen: ....

Faltenröckchen: ....

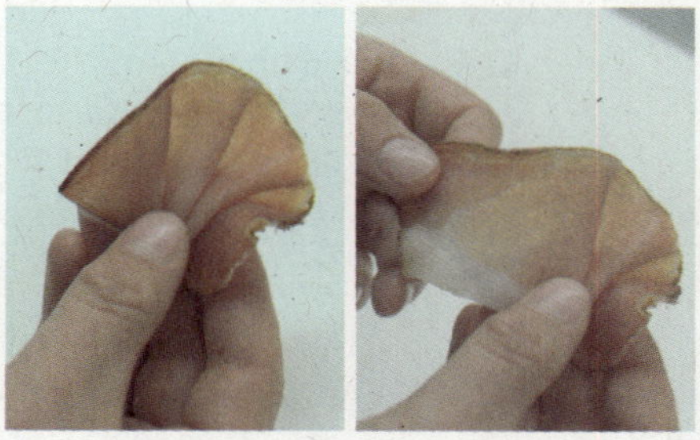

Taschen: ....

D Garniturauswahl

Nennen Sie geeignete Garniturmaterialien für eine gemischte Aufschnittplatte. Beachten Sie dabei die Kriterien für eine Garniturauswahl (➜ Schülerbuch Seite 131 f.).

....

....

....

....

Wie und wo ordnen Sie die Garnituren an?

....

....

....

Planen

Durchführen

Bewerten

Wiederholen

Erarbeiten Sie in Kleingruppen mögliche Plattenzusammenstellungen und berechnen Sie den Preis.

Spielen Sie in jeder Kleingruppe ein Beratungsgespräch mit einem Kunden durch. Erfragen Sie Räumlichkeiten, Servicewünsche usw. Stellen Sie dem Kunden die erarbeiteten Warenzusammenstellungen vor; machen Sie Vorschläge für den Stil und den Aufbau der Platten. Kalkulieren Sie dementsprechend und bringen Sie das Kundengespräch zu einem erfolgreichen Abschluss.

Bewerten Sie gegenseitig die vorgeschlagene Warenzusammenstellung und die Gesprächsführung.

1. Anja Maibaum möchte die Gesamtmaterialkosten für fünf Platten ermitteln, wenn diese insgesamt 342,00 € Euro kosteten und für die Auslieferung 15,00 €, für Plattenmiete 16,00 €, für den Arbeitsaufwand 84,00 € und für den Verlust von Garniermaterialen 15 % aus 16,00 € eingerechnet wurden.

2. Da Anja Maibaum für den Betrag aus Aufgabe 1 eine Rechnung ausstellen will, muss sie auf dem Rechnungsformular die Mehrwertsteuer ausweisen. Hier ist der ermäßigte Satz von 7 % anzusetzen.
Wie hoch sind der Rechnungsnettobetrag und die Mehrwertsteuer?

3. Wie viel Prozent macht der Materialeinsatz vom Gesamtpreis der Platten aus Aufgabe 1 aus?

4. Eine Platte wird für 135,00 Euro verkauft. Der Materialanteil für Fleisch- und Wurstwaren betrug 73,69 €, der für die Garnitur 14,90 €. Der Rest war für Arbeitsaufwand, Plattenmiete und Auslieferung. Wie hoch sind die einzelnen Anteile in Prozent?

Orientieren

Informieren

Name: .... **Klasse:** .... **Datum:** ....

Die Fleischerei Baringer möchte das Imbissangebot um Salate erweitern, die sowohl vor Ort verzehrt als auch mitgenommen werden können. Die Auszubildenden sollen helfen, sich Salatvariationen auszudenken und diese kundengerecht anzurichten.

A Blattsalate

Blattsalate sind bei Kunden vor allem in der warmen Jahreszeit besonders beliebt. Begründung:

....

	Blattsalatsorte	Geschmack

Schritte von der Vorbereitung bis zum Anrichten:

- äußere, welke oder fleckige Blätter entfernen
- ....
- ....
- ....
- ....
- ....
- ....

Der Putzverlust beträgt ca. ....

B Salate aus Gemüse oder Kartoffeln

a) Zubereitung von Rohkostsalaten

Verarbeitungsschritte:

- ....
- ggf. ....
- zerkleinern, z. B.:
  - in Streifen schneiden
  - ....
  - ....
  - ....

Der Zubereitungsverlust beträgt ca. ....

b) Salate aus gekochten Rohstoffen

....

....

C Salatsoßen

Funktion der Salatsoßen:

- geben den Salaten einen herzhaften Geschmack
- ....

....

Hauptzutaten von selbst hergestellten Salatsoßen: ....

Weitere Zutaten: frische Kräuter oder auch Milchprodukte

Folge/Gefahr: ....

....

Häufig im Fleischerfachgeschäft angebotene Salatsoßen sind:

....

....

Name: .... Klasse: .... Datum: ....

D Das Salatangebot im Fleischerfachgeschäft

Beschreibung: ....

....

....

....

....

Beschreibung: ....

....

....

....

....

Beschreibung: ....

....

....

....

....

E Tipps für das Anrichten, die Präsentation und den Verkauf von Salattellern

- ....
- ....
- ....
- ....
- ....

....

....

....

- ....

....

....

1 SALATVARIATIONEN HERSTELLEN UND ANRICHTEN

Unterscheiden Sie zwei Möglichkeiten des Verkaufs von Salattellern:

Salatteller für	Salatteller für ....
Präsentation:	Präsentation: ....
Salatsoße:	Salatsoße: ....
enthaltene Mehrwertsteuer:	enthaltene Mehrwertsteuer: ....

1. Entwerfen Sie drei köstliche Salatvariationen mit passenden Soßen. Achten Sie dabei auf die Kundengruppe, die jeweils angesprochen werden soll.

Salatvariation 1

Zutaten:	Garnitur:	Salatsoße:
....	....	....
....	....	....

Salatvariation 2

Zutaten:	Garnitur:	Salatsoße:
....	....	....
....	....	....

Salatvariation 3

Zutaten:	Garnitur:	Salatsoße:
....	....	....
....	....	....

2. Ermitteln Sie den Materialbedarf für jeweils zehn Portionen. Berücksichtigen Sie dabei durchschnittlich anfallende Herstellungsverluste.

3. Legen Sie entsprechende Bezugsquellen für die einzelnen Waren fest.

4. Kalkulieren Sie jeweils den Verkaufspreis einer Portion für den Verzehr im Haus bzw. für den Außer-Haus-Verzehr, wenn Sie 30 % Herstellungsgemeinkosten, 55 % Vertriebsgemeinkosten, 15 % Gewinn und die gesetzliche Mehrwertsteuer aufschlagen.

Stellen Sie die Salate her und richten Sie diese fachgerecht und dekorativ an.

Name: **Klasse:** **Datum:**

Bewerten

Beurteilen Sie die hergestellten Salate nach folgenden Kriterien:

- Abwechslung der Zutaten
- Frische der Zutaten
- mundgerechter Zuschnitt
- Präsentation
- Geschmack
- Aussehen

Wiederholen

1. Bewerten Sie die folgenden Salatzusammenstellungen. Formulieren Sie ggf. Verbesserungsvorschläge.

- Eisbergsalat, geraspelter Rettich, Bohnensalat, Hähnchennuggets, Ananasstücke
- Blattsalatmischung (Endivie, Radicchio, Gartensalat), Rotkohlstreifen, Salatgurkenscheiben,-Karottenscheiben, Tomatenscheiben, Kochschinkenröllchen, Eischeiben, Blattpetersilie
- Blattsalatmischung (Eichblatt, Gartensalat, Romana), Weißkrautstreifen, Gurkenscheiben, Zwiebelringe, schwarze Oliven, gewürfelter Schafskäse, rote Paprikastreifen

2. Die Fleischerei Baringer bietet in ihrem Sortiment einen bunten Salat mit Schinken und Ei an. Sie werden beauftragt, die Zutaten für 35 Personen herzustellen. Berücksichtigen Sie die bei der Herstellung anfallenden Verluste:
- Der Putzverlust für die Blattsalatmischung beträgt 20 %.
- Der Putz- und Schälverlust für die weiteren Salatzutaten beträgt 18 %.

Grundrezept für 4 Personen	Zutatenmenge für 4 Personen	Herstellmenge für 35 Personen
		Umrechnungszahl: ....
70 g Romanasalat	....	....
30 g Radicchiosalat	....	....
60 g Eisbergsalat	....	....
50 g Kopfsalat	....	....
40 g Rucolasalat	....	....
110 g Tomaten	....	....
30 g Paprika in Streifen	....	....
60 g Salatgurke in Scheiben	....	....
40 g Rettich, geraspelt	....	....
10 g Frühlingszwiebeln	....	....
16 g Petersilie	....	....
120 g Hinterschinken, gekocht	....	....
80 g Eischeiben	....	....

3. Die Fleischerei Baringer möchte heute auf ihrer Mittagskarte ½ Brathähnchen mit Kartoffelsalat anbieten. Es werden zwölf Hähnchen gebraten. Sie werden beauftragt, den Kartoffelsalat anzufertigen. Das Grundrezept für vier Portionen lautet: 1 000 g Kartoffeln, 125 ml Brühe, 3 EL Öl, 4 EL Weinessig, Salz, schwarzer Pfeffer, 1 Prise Zucker, 1 TL Senf, 2 Zwiebeln, 2 Bund Petersilie, 1 hart gekochtes Ei, 1 Tomate

a) Berechnen Sie die benötigten Zutaten.

....

....

....

b) Die Kartoffeln verlieren beim Kochen und Schälen insgesamt 22 % an Gewicht. Ermitteln Sie das Gewicht der gekochten Kartoffeln und den Zubereitungsverlust in Kilogramm.

....

c) Geben Sie an, wie viel Gramm gekochte Kartoffeln eine Portion enthält.

....

Orientieren

Informieren

Name: ……………… **Klasse:** ……………… **Datum:** ………………

Die Fleischerei Baringer möchte in einer neuen Filiale in der Bahnhofstraße in der Nähe des Kur- und Schulzentrums Snacks für den Außer-Haus-Verzehr anbieten. Die Auszubildenden sollen ein Snack-Programm entwerfen und einzelne Produkte ausprobieren.

A Planung eines Snack-Verkaufsprogramms

Dabei sind folgende Leitfragen hilfreich:

Welche Snackprodukte soll es im Betrieb geben?

Standard-Snack-Programm	Zusatz-Snack-Programm

Von folgenden Kriterien ist das Snackangebot abhängig:

- ……………………………………
- ……………………………………
- Gesamtsortiment des Unternehmens. Dies meint: Andere absatzstarke Bereiche des Unternehmens sollen durch ein Snack-Verkaufsprogramm nicht leiden.
- ……………………………………

Mit welchen Grundprodukten soll gearbeitet werden?

Eingesetzte Brotsorten, Belegware und Convenience-Produkte sollten über einen gewissen Zeitraum festgelegt sein.

Begründung:

- ……………………………………
- ……………………………………

Auswahlkriterien:

- ……………………………………
- ……………………………………
- ……………………………………
- ……………………………………
- ……………………………………
- ……………………………………
- ……………………………………

Welche Produkte werden zu welcher Zeit in der Theke präsentiert?

Tageszeit	Phase des Snack-Programms	Produktangebote
Ladenöffnung bis 11:00 Uhr	Frühstücks-/Brotzeitangebot	◗ .... ◗ .... ◗ ....
11:00 Uhr bis 14:00 Uhr	Mittagssnacks und Mittagsgerichte	◗ .... ◗ ....
14:00 Uhr bis 17:30 Uhr	Nachmittagsangebot	◗ .... ◗ .... ◗ ....

B Zukauf von vorgefertigten Lebensmitteln/Convenience-Food

Definition: Convenience-Food sind ....

....

Gründe für den Einsatz von Convenience-Produkten:

- ....
  ....
- ....
  ....

Lagerung von Convenience-Produkten:

....

....

....

Name: .... Klasse: .... Datum: ....

C Herstellung ausgewählter Produkte

a) Belegte Brötchen

Benennen Sie Grundprodukte für belegte Brötchen und geben Sie Beispiele.

Aufbau	Grundprodukt	Beispiele
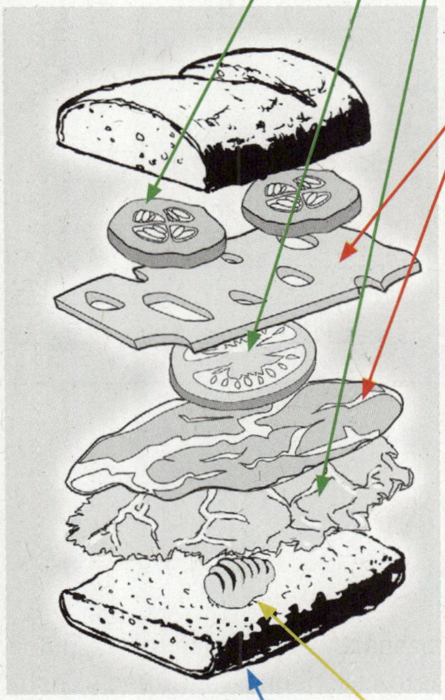	....	....
	Belag:	....
	....	....
	....	aus Weißmehl oder mit Vollkornanteil sowie mit Sonnenblumen-, Kürbiskernen, Leinsamen usw.

Geben Sie Tipps für die Herstellung von belegten Brötchen, begründen Sie diese und/oder nennen Sie Beispiele.

Backwaren	Begründungen/Beispiele
◗ Backwaren mit einer festen Kruste verwenden	....
◗ Unterschiedliche Teig- und Farbzusammensetzung wählen	....
◗ Einkauf ggf. als Teiglinge	....
◗ Backwaren passend zum Belag wählen	Beispiel: ....
Aufstrich	
◗ Aufstrich passend zum Belag wählen	Beispiele: Butter ➜ .... Remoulade ➜ .... Frischkäse ➜ ....
◗	Aufstrich darf beim Essen nicht tropfen.
Belag	
◗	....
◗	Produkte sind knapp kalkuliert ➜ Vermeiden von Verlusten
◗ Alle Snacks einer Art gleichmäßig belegen	....
◗	....
Garnierung	
◗ Garnierung sollte sich farblich vom Belag abheben	Beispiel: ....

Name: .... **Klasse:** .... **Datum:** ....

b) Sandwich

Herstellungsschritte (allgemein):

- ....
  ....
- ....
  ....
- ....
- ....
- ....

c) Wraps

Definition: Wraps sind ....

Herstellungsablauf:

- Weizentortillas herstellen oder als Convenience-Produkt zukaufen.
- ....
  ....
- ....
  ....
  ....
- Den Wrap einrollen.
  - kleine Tortillas: ....
    ....
  - große Tortillas: ....
- ....
  ....

d) Gefüllte oder belegte gebackene/überbackene Snacks

Definition: ....
....
....
....
....

Vorteile:

- ....
- ....

Nachteile:

- ....
- ....
  ....

Füllungen können z. B. sein:

- ....
- ....
- ....
- ....
- ....

Tipps für die Herstellung	Vorteil
◗	➜ ....
◗	➜ ....

Zum ***Belegen und Bestreuen*** eignen sich besonders:

- ....
  ....
- ....
- ....
- ....
- ....
  ....
- ....

Tipps für die Herstellung	Vorteil
◗	➜ ....
◗	➜ ....

Name: .... *Klasse:* .... *Datum:* ....

D Warenpräsentation von Snacks

Tipp	Begründung
Die Snacks auf schwarzen oder silbernen Blechen präsentieren	Die Farbvielfalt der Lebensmittel kommt besser zur Geltung.
....	....
....	....
....	....
....	....
....	....
....	....
....	....
....	....
....	....

Planen

1. Entwerfen Sie ein Standard-Snackprogramm für die neue Filiale.
   - Stellen Sie dazu passende Snacks für ein tageszeitaktuelles Angebot zusammen.
   - Berücksichtigen Sie vorwiegend belegte, gefüllte und/oder gebackene Backwaren und gemischte Salate.
   - Achten Sie dabei auf die Kundengruppen, die angesprochen werden sollen.

Tageszeit	Phase des Snackprogramms	Produkte	Angesprochene Kundengruppen

2. Entwickeln Sie für ausgewählte Snacks die Rezepte und planen Sie den Herstellungsablauf (Gestaltung als Rezeptkarte ➜ Schülerbuch Seite 157).

3. Legen Sie entsprechende Bezugsquellen für die einzelnen Waren fest.

Durchführen

1. Stellen Sie eine Auswahl der geplanten Snacks her und richten Sie diese fachgerecht und dekorativ an. Fotografieren Sie diese und vervollständigen Sie Ihre Rezeptkarte.

2. Kalkulieren Sie den Preis eines der Produkte (Außer-Haus-Verzehr), wenn Sie von 35 % Fertigungsgemeinkosten, 75 % Verkaufsgemeinkosten, 10 % Gewinn und 7 % Mehrwertsteuer ausgehen.

Name: .... Klasse: .... Datum: ....

Bewerten

Beurteilen Sie die hergestellten Snacks nach folgenden Kriterien:
- Abwechslung der Zutaten
- Frische der Zutaten
- Präsentation
- Geschmack
- Aussehen

Wiederholen

1. Ihre Fleischerei möchte den Hähnchen-Bagel in das Snack-Sortiment aufnehmen.

Belag für 1 Bagel:

5 g	Butter
15 g	Eisbergsalat
30 g	Hähnchenbrustfilet (gebraten, in Scheiben)
10 g	Mayonnaise
0,5 g	Currypulver
15 g	Paprikastückchen

Herstellungsablauf:

Bagel aufschneiden. Butter auf beide Seiten aufstreichen, Salat auflegen, darauf das Hähnchenbrustfilet. Mayonnaise darüber verstreichen und Currypulver aufstreuen. Zuletzt Paprika darauf verteilen und Deckel auflegen.

Sie beziehen die Waren vom Großhändler zu folgenden Konditionen:
- Bagel (TK-Ware) 0,35 €/St.
- Butter 1,80 €/250 g
- Eisbergsalat 1,49 € /kg
- Hähnchenbrustfilet 6,20 €/kg
- Mayonnaise 15,60 €/kg
- Currypulver pauschal 0,03 €
- Paprika 1,59 €/500 g

Bei der Preiskalkulation sind 45 % Fertigungsgemeinkosten, 70 % Verkaufsgemeinkosten, 13 % Gewinn und die gesetzliche Mehrwertsteuer zu berücksichtigen.

a) Ihr Ausbilder beauftragt Sie, zunächst den Materialpreis für einen Bagel zu ermitteln.

Materialmenge	Material	Einzelpreis	Gesamtpreis
1 Stück	Bagel (TK-Ware)	0,35 €/St.	0,35 €
....	Butter	....	....
....	Eisbergsalat	....	....
....	Hähnchenbrustfilet	....	....
....	Mayonnaise	....	....
....	Currypulver	....	....
....	Paprika	....	....
			....

b) Kalkulieren Sie den Bruttoverkaufspreis des Bagels für den Verzehr im Geschäft bzw. für den Außer-Haus-Verkauf.

	....		....
+	Fertigungsgemeinkosten	45 %	....
=	....		....
+	Verkaufsgemeinkosten	70 %	....
=	....		....
+	Gewinn und Risiko	13 %	....
=	....		....
+	Mehrwertsteuer	7 % (Außer-Haus-Verzehr)	....
=	....		
+	Mehrwertsteuer	19 % (Verzehr im Geschäft)	....
=	....		

c) Für das Frühstücksangebot im Snackbereich sollen 35 Stück hergestellt werden.
- Berechnen Sie die benötigten Materialmengen.
- Berücksichtigen Sie für die Hähnchenbrustfilets einen Garverlust von 12 % und für den Eisbergsalat einen Putzverlust von 20 %.

Materialmenge	Material	Gesamtmenge
....	....	....
....	....	....
....	....	....
....	....	....
....	....	....
....	....	....
....	....	....

Name: .... Klasse: .... Datum: ....

Die Sparkasse Isernhagen möchte anlässlich eines Jubiläums einen Empfang für 100 geladene Gäste geben. Die Buchheim KG bekommt den Auftrag, für diesen Empfang Häppchen, belegte Brötchen und weitere Fingerfood-Produkte zu liefern.

Orientieren

Informieren

A Begriffsklärung: Fingerfood

Definition: Fingerfood ist ....

....

Zu den Fingerfood-Produkten zählen: ....

....

Fingerfood wird zu folgenden Anlässen angeboten: ....

Bei der Herstellung und Präsentation der Erzeugnisse muss Folgendes gewährleistet werden:

- ....
- ....
- ....

....

B Kanapees

Definition: Kanapees sind ....

....

Vorteil: ....

Nachteil: ....

Folgende Grundzutaten werden bei der Herstellung von Kanapees eingesetzt und kombiniert:

Brotsorten: z. B. ....

Aufstriche: z. B. ....

Beläge:

- Fleisch- und Wursterzeugnisse: z. B. ....

....

- Käse und Käsezubereitungen: z. B. ....
- Fisch und Fischerzeugnissen: z. B. ....

Garnitur: z. B. ....

....

Allgemein gilt:

- …
- …
- …
- …
- …

C Halbe belegte Brötchen

Anlässe, zu denen belegte Brötchen gereicht werden: …

Vorteil: …

Folgende Grundzutaten werden bei der Herstellung von belegten Brötchen eingesetzt und kombiniert:

Brötchensorten: z. B. …

Aufstriche: z. B. …

Beläge: z. B. …

Garnitur: z. B. …

D Weitere beliebte Fingerfood-Erzeugnisse

…

Name: .... Klasse: .... Datum: ....

E Grundregeln für das Servieren und Präsentieren

- ....
  ....
- ....
  ....
- Die Platten müssen fachgerecht zwischengelagert werden.

  Das bedeutet: ....
  ....
  ....
  ....
- ....
- ....
  ....
  ....

Planen

- Stellen Sie für den Auftrag der Sparkasse eine passende Fingerfood-Auswahl zusammen. Berücksichtigen Sie dabei den Anlass und den Teilnehmerkreis.
- Erstellen Sie die Rezepte und ermitteln Sie den Materialbedarf.
- Legen Sie entsprechende Bezugsquellen für die einzelnen Waren fest.
- Kalkulieren Sie jeweils den Verkaufspreis für ein Stück.

Durchführen

- Stellen Sie die Produkte her.
- Richten Sie diese fachgerecht und dekorativ an.

Bewerten

- Beurteilen Sie die hergestellten Speisen und den Arbeitsprozess.
- Leiten Sie daraus eventuelle Verbesserungen ab.

Wiederholen

Auszug aus dem Angebot der Buchheim KG

Fingerfood-Erzeugnisse		Halbe Brötchen mit Belag	
kleine Windbeutel, gefüllt mit Kräuterfrischkäse	1,30 €	Schinken, roh o. gekocht	1,75 €
Pumpernickeltaler mit Parmaschinken und Melone	1,00 €	Schinken und Käse	1,80 €
Gurken-Lachs-Häppchen	0,65 €	Camembert	1,95 €
Tomate-Mozzarella-Spieß mit frischem Basilikum	0,90 €	Schnittkäse	1,55 €
kleine Fleischplätzchen, indische Art	0,95 €	Bierschinken	1,60 €
Mini-Wraps, gefüllt mit Salat, Tomate und Schafskäse	1,20 €	Putenbrust	2,20 €
Zucchini-Boote, gefüllt und mit Käse überbacken	0,95 €	Roastbeef	2,50 €
Roastbeefröllchen mit Gemüsesalat und Spargel gefüllt	1,95 €	Parmaschinken	2,50 €
Hähnchenkokosmedaillons mit Ananas am Spieß	1,90 €	Lachsschinken	2,40 €
Garnelenspießchen mit Dipauswahl	2,45 €	Pfeffersalami	1,70 €
Heringsröllchen mit Gurke	1,30 €	Hackepeter	2,10 €
Käsespießchen, reichhaltig garniert	0,85 €	Kasseler	1,70 €
Blätterteigtaschen, gefüllt mit Schafskäse und Spinat	0,95 €	Lachs	2,40 €
Rohkostfächer mit verschiedenen Dips	0,85 €	Forelle	2,40 €

Alle Erzeugnisse sind ansprechend ausgarniert und auf Platten dekorativ angerichtet. Alle Preise verstehen sich pro Stück und inklusive Mehrwertsteuer. Die Mindestpersonenzahl beträgt 20 Personen. In allen genannten Preisen ist die Anlieferung bis zu 30 km inbegriffen. Bei Selbstabholung erhalten Kunden einen Rabatt von 5 % auf den Rechnungsbetrag.

1. Für ein Fingerfood-Büfett sollen u. a. Zucchini-Boote, Schinkenstangen und Gurken-Lachs-Häppchen (➜ Schülerbuch Seite 169 f.) hergestellt und geliefert werden. Es werden 75 Personen erwartet. Es wird pro Person mit einem Verzehr von je einem Stück gerechnet.

a) Ermitteln Sie die benötigten Materialmengen.

b) Kalkulieren Sie den Materialpreis einer Schinkenstange, wenn der Preis einer Blätterteigplatte 3,25 €, von Ei 0,25 €/Stück und von Rohschinken 18,30 € pro Kilogramm beträgt. Eine Scheibe Rohschinken wiegt ca. 15 g. Für die Dosenmilch wird pauschal 0,15 € berücksichtigt.

Name: *Klasse:* *Datum:*

c) Berechnen Sie den Verkaufspreis einer Schinkenstange, wenn für die Herstellung von 20 Stangen ca. 20 Minuten benötigt und für die Arbeitszeit 22,00 € pro Stunde kalkuliert werden. Es sind 15 % Gewinn und die gesetzliche Mehrwertsteuer aufzuschlagen.

d) Ermitteln Sie den jeweiligen Teilbetrag, der für die genannten Produkte in Rechnung zu stellen ist.

2. Für eine Tagung bestellt die Metallbaufirma Hüller, Industriestraße 20 (am gleichen Ort wie die Buchheim KG) für 60 Personen halbe Brötchen, belegt mit Hackepeter, Forelle, Schinken, Schnittkäse, Bierschinken und Putenbrust. Es wird pro Person jeweils ein Stück einer Sorte kalkuliert. Es wird Selbstabholung vereinbart.

a) Erstellen Sie die Rechnung.

b) Weisen Sie die im Preis enthaltene Mehrwertsteuer aus.

3. Anlässlich des 50-jährigen Jubiläums bestellt der örtliche Fußballverein Fortuna für einen Stehempfang mit Ehrengästen Fingerfood-Erzeugnisse aus dem Angebot in der linken Spalte. Es sind 70 Gäste geladen. Es wird mit einem Verzehr von sechs Stück pro Person gerechnet. Die Buchheim KG gewährt einen Treuerabatt von 10 % auf den Bruttoverkaufspreis. Die Platten sollen in die Stadthalle geliefert werden.

a) Erstellen Sie die Rechnung.

b) Weisen Sie die im Preis enthaltene Mehrwertsteuer aus.

Name: .... **Klasse:** .... **Datum:** ....

Die Fleischerei Baringer möchte ihre Filiale am Marienplatz renovieren. Das Verkaufsteam wird gebeten, ein Gestaltungskonzept zu erarbeiten.

Orientieren

Informieren

Bei der Renovierung eines Ladengeschäfts ist das gesamte Umfeld in die Überlegungen einzubeziehen.

....

....

....

....

....

....

A Besonderheiten der Umgebung

Wie erreichen die Kunden den Laden?	Auto ....
Wo liegt der Standort?	....
Wie kann der Vorplatz (Gehweg) genutzt werden?	....

B Schaufenster dekorieren

a) Schaufensterarten

Schaufenster können nach verschiedenen Gesichtpunkten gestaltet werden, wozu sich auch örtliche oder regionale Ereignisse eignen.

Übersichtsfenster	◗ Das gesamte Warenangebot des Betriebs kann beispielhaft den Kunden vorgestellt werden.
....	◗ Durch die Präsentation der Waren in .... soll ein preisgünstiges Massenangebot zum Ausdruck kommen. ◗ Besonders geeignet für: ....
....	◗ Mit sachlichen Argumenten wird informiert über: ....
Fantasiefenster	◗ .... ◗ Mögliche Themen: ....
....	◗ Besondere Ereignisse im Jahreslauf werden gestalterisch dargestellt. ◗ Beispiele: .... 
Spezialfenster	◗ .... ◗ ....

Name: .... Klasse: .... Datum: ....

b) Aufmerksamkeitszonen fürs Schaufenster

Nennen Sie zwei Kriterien, von denen die Wirkung der im Schaufenster präsentierten Waren abhängig ist:

- ....
- ....

Kennzeichnen Sie im folgenden Schaubild farblich die Wertigkeit der Aufmerksamkeitszonen (rot = höchste Aufmerksamkeit, grün = geringe Aufmerksamkeit). Begründen Sie Ihre Farbwahl.

C Eingangsbereich gestalten

Der Eingang eines Fleischerfachgeschäfts ist sorgfältig zu gestalten und sollte den Kunden animieren, den Laden zu betreten. Nennen Sie Kriterien für die Gestaltung des Eingangsbereichs.

- Er muss einladend wirken und die Schwellenangst überwinden helfen.
- ....
- ....
- ....
- ....
- ....
- ....
- ....
- ....

1 DAS LADENUMFELD ANSPRECHEND GESTALTEN

Planen

Erarbeiten Sie eine Checkliste für Ihren Ausbildungsbetrieb mit verschiedenen Kriterien für eine ansprechende Gestaltung des Ladenumfelds.

Durchführen

Gestalten Sie in verschiedenen Teams die folgenden Bereiche in Form einer Skizze.

- Umgebung eines Fleischerfachgeschäfts
- Eingangsbereich eines Fleischerfachgeschäfts
- Anlassschaufenster

Bewerten

Beurteilen Sie die Ergebnisse der einzelnen Teams und begründen Sie Ihre Entscheidung.

Wiederholen

1. Die Ladenfront eines Fleischerfachgeschäfts ist 10 m lang und 6 m breit. Sie soll mit neuen Platten belegt werden. Wie hoch sind die Kosten, wenn die Platten für 120,00 €/m^2 angeboten werden und für das Verlegen 65,00 €/m^2 berechnet wird?

2. Eine Fleischerei möchte die öffentliche Freifläche vor dem Gehweg des Ladens im Sommer mit Stehtischen für den Imbissbereich nutzen. Das dafür zuständige Ordnungsamt der Gemeinde berechnet für die Nutzungserlaubnis pro Stehtisch 15,00 €/Monat.
Wie hoch sind die Kosten für diese Aktion, wenn insgesamt fünf Stehtische zu 195,00 €/Stück angeschafft werden und die Nutzungsgenehmigung auf sieben Monate begrenzt ist?

3. Die Reinigung der beiden Schaufenster und der Eingangstür einer Fleischerei wird an eine externe Reinigungsfirma übergeben. Diese erhält den Auftrag, die Flächen alle zwei Monate zu säubern. Das erste Schaufenster ist 2,2 m hoch und 3,6 m breit; das zweite Schaufenster misst 2,6 m auf 3,6 m. Die Tür ist 2,0 m breit und 2,4 m hoch.
Wie hoch sind die jährlichen Reinigungskosten, wenn pro Quadratmeter Reinigungsfläche 1,25 € in Rechnung gestellt werden?

4. Ihre Fleischerei plant eine Aktion zum Thema „Italienische Woche“. Sie erhalten den Auftrag, das Schaufenster entsprechend zu dekorieren. Stellen Sie verschiedene Dekorationsmaterialien zusammen, recherchieren Sie die Bezugsquellen und berechnen Sie die Kosten.

Dekorationsmaterial	Bezugsquellen	Kosten

Name: .... Klasse: .... Datum: ....

Die Urlaubszeit steht vor der Tür. Die Filialleiterin, Frau Kurz, beauftragt Katrin Eisinger, Ideen zur Gestaltung des Verkaufsraums zu sammeln.

Orientieren

Informieren

A Gestaltung des Verkaufsraum

a) Funktion einer Ladeneinrichtung

Die Ladeneinrichtung muss eine Doppelfunktion erfüllen.

↙	↘
....	....
....	....
....	....

b) Verkaufstheke

Herzstück der Ladeneinrichtung in einem Fleischerfachgeschäft ist die Verkaufstheke. Ihre Funktionen:

- ....
  ....
- ....

c) Bestückung von Warenträgern

Die Verkaufswirksamkeit der präsentierten Waren wird von der Platzierung in der jeweiligen Zone eines Verkaufsregals beeinflusst. Kreuzen Sie die Verkaufswirksamkeit an.

Zonen	Höhe	Verkaufswirksamkeit			
		beste	zweit-beste	dritt-beste	schlecht
Reckzone	ab ca. .... cm				
....	zwischen				
....	zwischen				
....	unter				

Befüllen Sie ein Selbstbedienungsregal mit verschiedenen Produkten nach den oben genannten Kriterien.

....
....
....
....

B Gestaltung der Einkaufsatmosphäre

Durch die Gestaltung einer besonderen Einkaufsatmosphäre wird ein positives Einkaufsklima geschaffen. Im Fleischerfachgeschäft lässt sich dies auf vielfältige Weise erreichen.

Gestaltungselemente	Funktion/Beispiele im Fleischerfachgeschäft
Dekorationsgegenstände	Beispiele: …………………… ……………………
Bilder	Funktion: …………………… Beispiel: ……………………
Musik	Funktion: …………………… …………………… Zu beachten: ……………………
Duftstoffe	Funktion: …………………… …………………… Zu beachten: …………………… …………………… Beispiele: ……………………
Beleuchtung	Funktion einer guten Beleuchtungsanlage: • ……………… • ……………… • ……………… • ……………… • ……………… • ……………… Formen der Beleuchtung: 1. …………………… 2. …………………… Zu beachten: …………………… …………………… ……………………
Raumklima	Funktion: …………………… …………………… …………………… Zu beachten: …………………… ……………………

Name: .... *Klasse:* .... *Datum:* ....

Farben beeinflussen Menschen, sie rufen Stimmungen und Gefühle hervor und erzeugen Wirkungen, die bei der Gestaltung des Verkaufsraums zu berücksichtigen sind.

Farbe	Assoziation	Wirkung
ROT	....	wirkt stimulierend, aktivierend und aufregend macht aktiv, unruhig und aggressiv
GELB	Wärme, Reife, Optimismus, Offenheit, Kraft, Erfolg, Glück	....
GRÜN	....	....
BLAU	....	....
ORANGE	Freude, Lebhaftigkeit, Spaß, Ausgelassenheit, Tatkraft, Ausdauer	....
ROSA	Romantik, Liebe	....
WEISS	....	....

Planen

Überlegen Sie in Partnerarbeit Möglichkeiten der Gestaltung des Verkaufsraums für die Urlaubszeit.

Durchführen

Gestalten Sie in Partnerarbeit Maßnahmen für die Schaffung eines positiven Einkaufsklimas. Wählen Sie dazu einen der folgenden Anlässe aus:

- Urlaubszeit
- Weihnachtszeit
- Themenwoche
- Oktoberfest
- Schützenfest
- Osterzeit

Erläutern Sie die Beispiele Ihren Mitschülern.

Bewerten

Beurteilen Sie die Dekorationsbeispiele Ihrer Mitschüler und bewerten Sie diese mit einer Note.

Wiederholen

Lösen Sie folgendes Kreuzworträtsel. Das Lösungswort nennt eine wichtige Eigenschaft für einen gelungenen Verkaufsraum.

1. Wie heißt das „Herzstück" eines Fleischerladens?
2. Benennen Sie die Zone eines Regals mit der besten Verkaufswirksamkeit.
3. Wie heißt die Zone eines Regals mit der drittbesten Verkaufswirksamkeit?
4. Benennen Sie die Zone eines Regals mit der schlechtesten Verkaufswirksamkeit.
5. Was ist ein beliebtes Dekorationsmittel zur Faschingszeit?
6. Nennen Sie einen fleischereitypische Geruchs- bzw. Duftstoff.
7. Welches Gestaltungselement beeinflusst Stimmungen und Gefühle?
8. Welche Assoziation vermittelt die Farbe Gelb?
9. Welche Wirkung drückt die rote Farbe aus?
10. Welche Farbe fördert Kommunikation und Sachlichkeit?
11. Was fördert die grüne Farbe?
12. Welche Assoziation vermittelt blaue Farbe?
13. Welche Farbe steht für Freude, Lebhaftigkeit, Spaß?

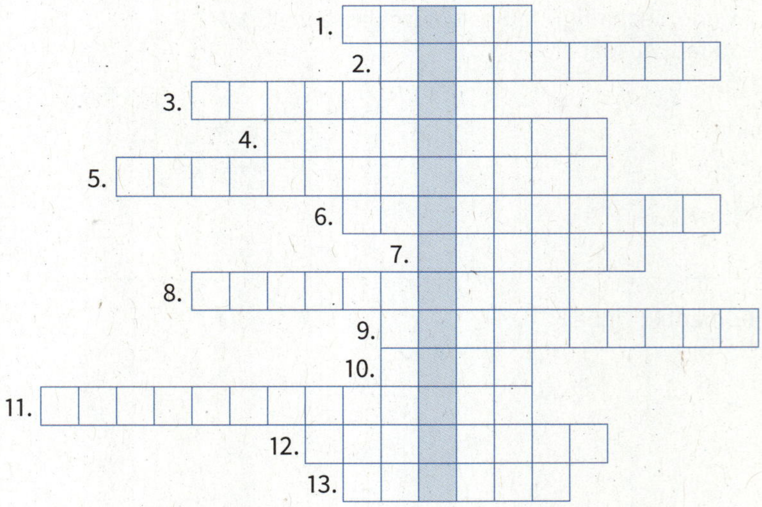

Lösungswort:

Name: .... Klasse: .... Datum: ....

Die Verkaufsleiterin Inge Bach bespricht mir ihrem Verkäuferteam die bevorstehende Osterdekoration. Sie bittet ihr Team, Vorschläge für Verkaufsförderungsaktionen zu machen, um das Vorjahresergebnis zu steigern.

Orientieren

Informieren

A Aufgaben der Werbung

Hauptziele der Werbung sind:

Kundeninformation	Beispiele
Eigenschaften der Produkte	....
....	....
....	Vorschrift gemäß PAngVO
	....
....	....

Bedürfnisse wecken

A ....

I ....

D ....

A ....

B Grenzen der Werbung

Nicht alles ist in der Werbung erlaubt!

- Werbung muss ....
- Werbung darf nicht ....
- Werbung darf nicht ....
- Werbung darf keine ....

C Werbemittel – Werbeträger – Verkaufsförderungsmittel

Für die Werbung stehen den Unternehmen verschiedene Hilfsmittel zur Verfügung. Nennen Sie Beispiele.

Werbemittel	Werbeträger	Verkaufsförderungsmittel
....	....	....
....	....	....
....	....	....
Werbegeschenke/........................	....	....
Musik	....	....
	....	....
	....	....
		....

D Platzierung

Werbemittel und Werbeträger sind so zu platzieren, dass sie den Kunden zum Produkt führen!
Entwerfen Sie eine Aktionsidee für das Produkt „Osterschinken“.

1. .... erregen	2. Aufmerksamkeit	3.	4. ....
Oho! Aha!	→	→ →	Oster-schinken
1. Werbemittel	2. Werbemittel	3. Werbemittel	4. Werbemittel
z. B. Fußbodenaufkleber im Eingangsbereich	z. B. Plakat mit der Aufschrift	z. B. Deckenpfeil mit dem Hinweis	z. B.
Vorschlag:	....	....	....

Name: .... Klasse: .... Datum: ....

E Gestaltung

Bei der Gestaltung von eigenen Werbemitteln sind einige Grundsätze zu beachten. Tragen Sie sie in die Tabelle ein.

	Firmenlogo immer an derselben Stelle platzieren: ....
Frühlingsbraten	.... Keine Trennunge
Information	....
Produktbilder	....
Lesbarkeit	.... Kugelschreiber: .... Plakate: .... Plakate mit Fernwirkung: ....
Farben und Textbild	....

F Handschrift

Handgeschriebene Werbemittel vermitteln Individualität und Kreativität. Dazu sollte die Handschrift exakt und harmonisch sein. Eine unschöne Handschrift wirkt abschreckend!
Nennen Sie Grundsätze für die Erstellung eines handgeschriebenen Plakats oder Preisschilds.

- Aufmerksamkeitswerte berücksichtigen
- ....
- ....
- ....
- ....
- ....
- ....
- ....
- ....

Planen

Überlegen Sie, welche Werbemittel sich für eine demnächst anstehende jahreszeitliche Aktion eignen.

Durchführen

Gestalten Sie in Partnerarbeit verschiedene Werbemittel für diese Aktion und erläutern Sie Ihren Mitschülern die Entscheidung für Ihre Werbemittel.

Bewerten

Bewerten Sie die Werbemittel Ihrer Mitschüler und begründen Sie Ihre Entscheidung.

Wiederholen

1. Gestalten Sie eine Werbeaktion anlässlich einer demnächst anstehenden Fußballweltmeisterschaft. Berücksichtigen Sie dabei die Kriterien einer gelungenen Platzierung.

2. Lösen Sie folgendes Kreuzworträtsel. Das Lösungswort ergibt eine häufig verwendete Werbemaßnahme.

1. Worüber muss die Werbung gemäß der PAngVO informieren?
2. Was ist ein Hauptziel der Werbung?
3. Was darf Werbung nicht sein?
4. Wie lautet die bekannteste Werbeformel?
5. Was darf Werbung bezüglich der Mitbewerber nicht?
6. Was ist für Werbeträger von großer Bedeutung?
7. Wie heißt ein leicht zu verteilendes Werbemittel?
8. Welches Gestaltungselement darf auf keiner Werbung fehlen?
9. Wie heißt ein beliebtes Werbemittel für den Transport von Waren?
10. Wie viele verschiedene Schriftarten soll ein Plakat höchstens enthalten?
11. Wie wirkt eine unschöne Handschrift auf Werbemitteln?
12. Nennen Sie ein modernes Internet-Werbemittel.
13. Welches Werbemittel verwendet man bei einer Produktneueinführung?

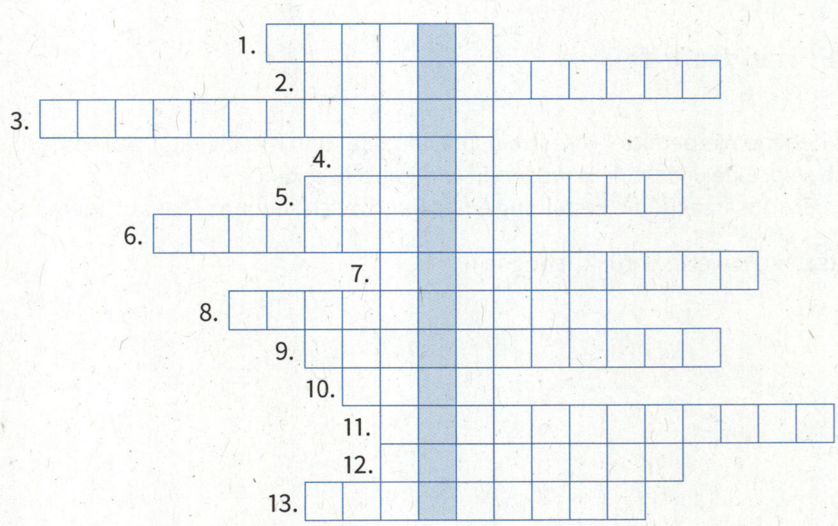

Lösungswort:

Name: .... Klasse: .... Datum: ....

Die Prüfung ist nicht mehr weit und Sonja Weiß ist ganz unruhig, weil sie sich bisher mit der Herstellung von Präsenten und Geschenkartikeln noch nicht intensiv beschäftigt hat. Ihre Ausbilderin verspricht ihr, sich in der nächsten Zeit ganz gezielt dieser Tätigkeit zu widmen.

Orientieren

Informieren

A Produktauswahl

Für Präsente und Geschenkartikel sind nicht alle Erzeugnisse aus dem Fleischerfachgeschäft gleich gut geeignet. Ungeeignet sind folgende Erzeugnisse:

- ....
- ....
- ....

a) Geeignete Fleisch- und Wurstwarenprodukte

Räucherwaren	Beispiele: ....
Portionswürste, geräuchert oder getrocknet	Beispiele: ....
Konserven	Beispiele: ....

b) Produkte aus dem Zusatzsortiment

Käse	Beispiele: ....
Fischspezialitäten	Beispiele: ....
Teigwaren	Beispiele: ....
Obst und Gemüse	Beispiele: ....
Backwaren	Beispiele: ....
Getränke	Beispiele: ....
Öle und Essenzen	Beispiele: ....
Süßigkeiten	Beispiele: ....

B Behältnisse

Das klassische Behältnis für ein Präsent ist der Geschenkkorb. Neben dem traditionellen Weidenkorb stehen Körbe aus verschiedenen Materialien und in verschiedenen Ausführungen zur Auswahl:

- ....
- ....
- ....
- ....
- ....

Als Alternative zum Korb können je nach Anlass und Adressat ganz alltägliche Dinge Verwendung finden; der Kreativität und Fantasie sind dabei keine Grenzen gesetzt.

Art/Gestaltung	Form	Material	Anlass
edel und festlich 	◗ Platte ◗ .... ◗ .... ◗ .... ◗ .... ◗	◗ Porzellan ◗ .... ◗ .... ◗ .... ◗ .... ◗	◗ Geburtstag ◗ .... ◗ .... ◗ .... ◗ .... ◗ ....
rustikal	◗ .... ◗ .... ◗ .... ◗ .... ◗ .... ◗	◗ .... ◗ .... ◗ .... ◗ .... ◗ .... ◗	◗ .... ◗ .... ◗ .... ◗ .... ◗ .... ◗ ....
modern 	◗ .... ◗ .... ◗ .... ◗ .... ◗ .... ◗	◗ .... ◗ .... ◗ .... ◗ .... ◗ .... ◗	◗ .... ◗ .... ◗ .... ◗ .... ◗ .... ◗ ....
witzig und flippig	◗ .... ◗ .... ◗	◗ .... ◗ .... ◗	◗ .... ◗ .... ◗ ....

Name: .... Klasse: .... Datum: ....

C Dekoration

Die passende Dekoration ist von der Art des Präsents abhängig und macht dieses erst zu einem unverwechselbaren Einzelstück. Die häufigste Dekoration sind Schleifen und Bänder aus verschiedenen Farben, die in den unterschiedlichsten Formen gebunden werden können.

....

....

....

Zu Dekorationszwecken sind viele andere Materialien geeignet, sie können kreativ gestaltet und entsprechend dem Anlass verziert und beschriftet werden.

Stoffe	Beispiele: ....
Papier, Pappe	Beispiele: ....
Folien	Beispiele: ....
Pflanzenteile	Beispiele: ....
Gemüse, Obst	Beispiele: ....
Sonstiges	Beispiele: ....

D Verpackung

Präsente müssen für den Transport in geeigneter Weise verpackt werden. Dabei sind die rechtlichen Bestimmungen, die zwischen verschiedenen Verpackungen unterscheiden, zu beachten.

 Schutz-/Verkaufsverpackung, z. B.	 Umverpackung, z. B.	Transportverpackung, z. B. ....

Planen

Überlegen Sie, welche Erzeugnisse sich aus Ihrem Fleischerfachgeschäft für die Herstellung eines Präsents zu folgenden Anlässen eignen:
- Goldene Hochzeit
- Einweihungsparty
- Firmenjubiläum

Durchführen

Stellen Sie in Partnerarbeit ein dekoratives Präsent für eine Goldene Hochzeit her.

Bewerten

Bewerten Sie die Präsente Ihrer Mitschüler und begründen Sie Ihre Beurteilung.

Wiederholen

1. Für ein rustikales Brotzeitbrett werden folgende Materialien verwendet:

350 g Schwarzwälder Schinken	16,50 €/kg	
150 g Teewurst	10,50 €/kg	
500 g Tiroler Kochsalami	13,50 €/kg	
200 g Camembert	12,20 €/kg	
280 g Pfefferbeißer	10,80 €/kg	
Kosten für das Brotzeitbrett	1,40 €	
Kosten für Dekorationsmittel	2,90 €	
Arbeitszeit pauschal	3,00 €	

Berechnen Sie den Verkaufspreis für das Brotzeitbrett.

2. Für die Herstellung einer festlichen Schinkenplatte werden folgende Materialien verwendet:

Schinkenwaren:
480 g gekochter Schinken, 14,50 €/kg
660 g Schinkenspeck, 16,50 €/kg
460 g Serranoschinken, 22,50 €/kg
400 g Katenrauchschinken, 18,20 €/kg

Garnierung:
250 g Butterrosen, 500 g Butter kosten 3,00 €
50 Kiwibällchen, 1 Kiwi kostet 0,65 € u. ergibt 4 Bällchen
500 g Weintrauben, 1 kg kostet 3,50 €

Für das Legen der Platte und das Herstellen der Dekoration wird eine Arbeitszeit von 80 Minuten angesetzt. Die Arbeitsstunde wird mit 45,00 € berechnet.
Wie viel kostet die festliche Schinkenplatte, wenn die Transportverpackung in einer Styroporbox mit 5,00 € berechnet und die Lieferung als kostenloser Service gewährt wird?

Schinkenwaren	
Butterrosen	
Kiwibällchen	
Weintrauben	
Arbeitskosten/Transportverpackung	
Gesamt	

Name: .... **Klasse:** .... **Datum:** ....

Auf dem Weg zur Berufsschule läuft der Auszubildende Jochen Brand am Schaufenster einer Fleischerei vorbei. Der Duft von gegrillten Fleischwaren steigt ihm in die Nase. Abrupt bleibt er stehen und betrachtet den im Schaufenster stehenden Grill, auf dem sich knusprige Schweinehaxen drehen.

Orientieren

Informieren

A Anlässe nutzen

Dem Fleischerfachgeschäft bieten sich vielfältige Möglichkeiten, um mit ausgewählten Produkten zu werben.

a) Kirchliche und jahreszeitliche Feste

Feste und Anlässe	Geeignete Produkte
Weihnachten	Beispiele: Geflügel (Gans, Ente), Fisch, Lachsschinken, Pasteten
Silvester/Neujahr	Beispiele: ....
Ostern	Beispiele: ....

b) Saisonale Besonderheiten

Fasching	Beispiele: ....
Urlaubszeit	Beispiele: ....
Sommerzeit	Beispiele: ....
Herbstzeit	Beispiele: ....
Winterzeit	Beispiele: ....

c) Sonstige und private Anlässe

Kulturelle Veranstaltungen	Beispiele: ....
Sportliche Ereignisse	Beispiele: ....
Grillfest, örtliche Veranstaltungen	Beispiele: ....
Betriebsfeste	Beispiele: ....
Familienfeiern	Beispiele: ....

B Produkte sprechen für sich selbst

Das Fleischerfachgeschäft bietet ein breites Sortiment von Erzeugnissen an, um den vielfältigen Wünschen der Kunden gerecht zu werden. Ansprechend präsentiert oder direkt im Laden zubereitet, regen sie die Kunden zum Kauf an.

a) Regionale Spezialitäten
Überlegen Sie Präsentationsmöglichkeiten der genannten Spezialitäten aus verschiedenen Regionen. Nennen Sie weitere Beispiele, insbesondere aus Ihrem Landesteil.

Spezialität	Präsentation
Bayrischer Leberkäse	frisch ausgebacken in der Imbisstheke
Thüringer Bratwürste	....
Westfälische Mettwurst	....
Pfälzer Saumagen	....
....	direkt aus dem Kessel, angeboten mit süßem Senf und Brezeln
....	....
....	....

b) Auftragsarbeiten
Bestellte Produkte zu bestimmten Anlässen werden den Kunden als Kaufanregung dargeboten. Nennen Sie Beispiele.

- Schinkenplatte zur Spargelsaison
- ....
- ....
- ....
- ....

c) Aktionswochen
Aktionswochen bieten sich an, um internationale Produkte zu präsentieren. Nennen Sie Beispiele.

Thema	Produkte
Italienische Woche	....
Weinfest	....
....	....

Name: .... Klasse: .... Datum: ....

C Verkauf mit allen Sinnen fördern

Einkaufen ist keine reine Vernunftangelegenheit, es spielen dabei Eindrücke, die mit unseren Sinnen wahrgenommen werden, eine ganz entscheidende Rolle.

Grundsätze/Leitsätze	Erläuterungen
Warendruck erhöhen (➔ Schülerbuch Seite 222)	◗ „Masse verkauft Masse“ bedeutet nicht, dass eine Vielzahl von Produkten angeboten werden soll. Hingegen sollte beachtet werden: – .... (weniger ist mehr!). – .... Folge: Die Kaufentscheidung .... ◗ „Klasse statt Masse“ kann im Fleischerfachgeschäft durch folgende Bedingungen berücksichtigt werden: – .... (Vormittag – Nachmittag) – .... – jahreszeitliche Produktwerbung, z. B. .... ◗ .... ◗ ....
.... schaffen	Ordnung im Verkaufsraum und in der Theke wirkt .... Regeln: ◗ .... ◗ .... ◗ .... ◗ .... ◗ .... ◗ ....
.... beachten	Farben sind optische Reize und ziehen die Aufmerksamkeit auf sich. Wichtig: ◗ .... ◗ ....
....	◗ produkttypisches Aroma ausnutzen ◗ Räucherwaren in Kundennähe präsentieren ◗ heiße Grill- und Bratenprodukte vorrätig halten

Planen

Überlegen Sie, welche Erzeugnisse aus Ihrem Fleischerfachgeschäft sich für eine Produktpräsentation am Besten eignen.

Durchführen

Stellen Sie eine Produktpräsentation en her und fertigen Sie dazu ein geeignetes Werbeplakat.

Bewerten

Vergleichen Sie die Produktpräsentationen Ihrer Mitschüler und bewerten Sie diese nach den Kriterien der Originalität und der Werbewirksamkeit.

Wiederholen

1. Lösen Sie folgendes Kreuzworträtsel. Das Lösungswort benennt, wodurch sich Fleischerfachgeschäfte besonders auszeichnen.

1. Nennen Sie einen häufigen Weihnachtsbraten.
2. Empfehlen Sie ein deftiges Geburtstagsgericht.
3. Wie heißt eine französische Spezialität?
4. Empfehlen Sie ein Produkt für heiße Sommertage.
5. Wie heißen italienische Vorspeisen?
6. Zu welcher Zeit empfiehlt man besonders Schinken?
7. Wie heißt eine Spezialität aus dem Elsass?
8. Nennen Sie ein Silvester- und Fastengericht.
9. Wie heißt eine westfälische Spezialität?
10. Was verkauft Masse?
11. Wodurch wird die Kaufentscheidung gesteigert?
12. Was hilft bei der Ordnung in der Theke?
13. Was erzeugt man mit geschickter Farbgebung?
14. Welche Fleischwaren sprechen den Geruchsinn an?

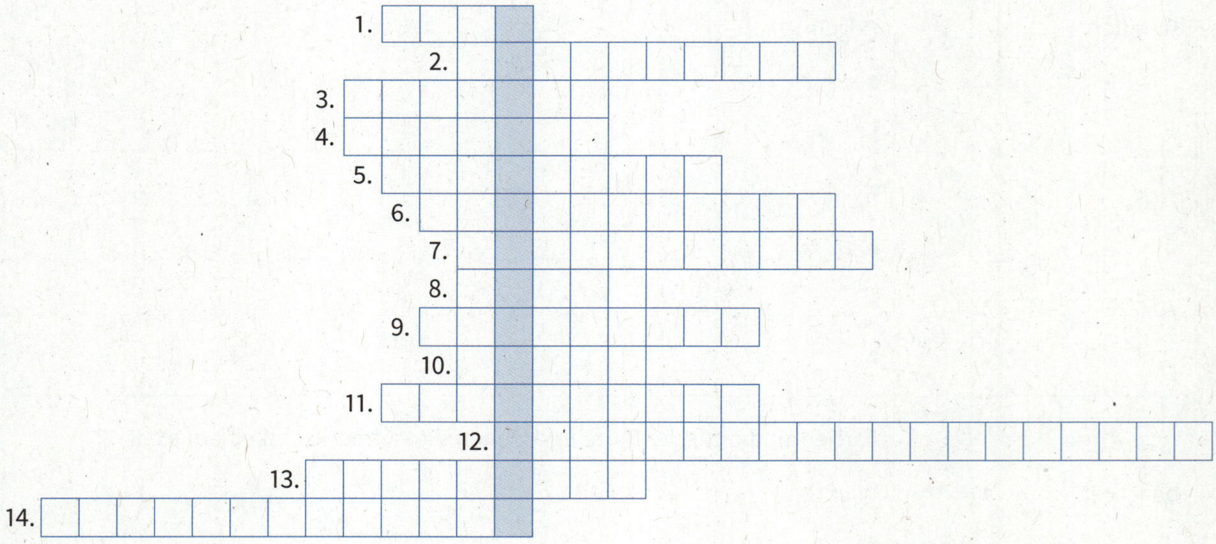

Lösungswort:

2. Für das Grillfest zum Jubiläum des örtlichen Schützenvereins werden folgende Waren bestellt:
- 22,0 kg Thüringer Bratwürste, kg/8,90 €
- 65,0 kg Nackenkotelett mit Knochen, kg/7,20 €
- 30,0 kg Schweinebauchscheiben, kg/4,80 €
- 12,0 kg Emmentaler Käse, geschnitten, kg/12,90 €

Wie hoch ist die Rechnung, wenn 10 % Mengenrabatt gewährt werden?

Name: Klasse: Datum:

Katharina Schneider analysiert ihr Verhalten bei nicht so erfolgreich verlaufenen Gesprächssituationen (Umgang mit Spätkunden bzw. Kunden bei Hochbetrieb) und möchte sich dazu Verbesserungsvorschläge erarbeiten.

Orientieren

Informieren

A Spätkunden

Spätkunde =

Anlässe dafür sind:

Vorgehen im Verkaufsgespräch:

Tipp für die Organisation der Arbeitsabläufe vor Ladenschluss: Ein Teil der Mitarbeiter...

Somit ist ein pünktliches Arbeitsende für alle Mitarbeiter bestmöglich gewährleistet.

B Verkauf bei Hochbetrieb

Großer Kundenandrang herrscht in der Regel:

Vorbereitung auf großen Kundenandrang:

Vorbereitung/Organisation

Professionelles Verhalten des Verkaufspersonals:
Allgemein gilt:

- Das Verkaufspersonal sollte den Kunden ………………………… bis zum Ende des Verkaufsgesprächs führen.
- Der Kunde darf dabei nicht das Gefühl bekommen, …………………………
- Besonderes Augenmerk auf ………………………… etc. legen
- Bei längeren Wartezeiten Kunden …………………………

Formulieren Sie jeweils ein angemessenes Verkäuferverhalten.

Situation	Verkäuferverhalten
Mehrere Kunden kommen gleichzeitig zu Ihnen ins Geschäft bzw. zur Verkaufstheke.	
Unklarheit des Verkaufspersonals, welcher Kunde als nächstes bedient werden soll	
Kunden streiten sich über die Reihenfolge	
Ein (eiliger) Kunde versucht sich vorzudrängeln.	

Name: **Klasse:** **Datum:**

Planen

1. Analysieren Sie die zwei Fallsituationen aus dem Fachbuch (→ Schülerbuch Seite 228).

Situation 1: Zu Mittag, als der Laden voll ist und jeder alle Hände voll zu tun hat, betritt eine fremde Kundin das Geschäft, kommt an den Verkaufstresen und spricht ausgerechnet Katharina Schneider an: „Entschuldigung bitte, ich brauche einmal schnell Ihre Hilfe …" Kann schon sein, dass sie ein wenig zu ärgerlich erwidert hat: „Tut mir leid, aber ich kann mich nicht zerreißen! Ich bin gerade mitten im Gespräch, wie Sie sehen …" Die Dame geht ohne ein weiteres Wort verärgert aus dem Geschäft.

Situation 2: Und jetzt, eine Sekunde vor Geschäftsschluss, ereignet sich noch dieser Vorfall! Ein junger Mann drückt die Tür auf, als Katharina gerade abschließen will: „Ich hätte gern schnell noch ein paar Bratwürste!" Katharina runzelt die Stirn: „Das ist aber schlecht, wir schließen gerade …"

2. Entwerfen Sie einen optimalen Verlauf für die Verkaufsgespräche.
3. Notieren Sie sich dazu jeweils typische Formulierungen/Fragen bzw. die zu erwartende Kundenreaktion in den einzelnen Gesprächsphasen.

Phase des Verkaufsgesprächs	Person	Gesprächsverlauf: → Formulierungen/Fragen des Verkäufers → Antworten/Reaktion des Kunden

Durchführen

Führen Sie die Gespräche durch (Videoaufzeichnung).

Bewerten

1. Bewerten Sie Ihre Gespräche gegenseitig.
2. Leiten Sie daraus eventuelle Verbesserungsvorschläge ab.

Orientieren

Informieren

Frau Bach möchte mit ihrer Auszubildenden Sonja üben, wie man mit Einwänden von Kunden professionell umgehen kann.

A Bedeutung von Einwänden im Verkaufsgespräch

(Echte) Einwände (= ....) sind normale Bestandteile eines Verkaufsgesprächs.

Denn: Jeder Kunde versucht, ...

....

Beobachtbares Kundenverhalten bis zur endgültigen Kaufentscheidung:

....

....

Kundeneinwände richten sich gegen ...	Kunden sagen z. B.
... Eigenschaften/Qualität einer Ware bzw. Dienstleistung	....
... .	....
... das Warenangebot des Geschäfts	....
... das Serviceangebot des Geschäfts	....
... .	....

Ziele für das Verkaufsgespräch:

....

....

....

....

....

Davon zu unterscheiden sind sog. unechte Einwände von Kunden.

Kennzeichen: ....

....

Beispiel: ....

Verkäuferverhalten:

....

....

Name: .... Klasse: .... Datum: ....

B Verhalten des Verkaufspersonals bei Einwänden

Merke: Es ist von Vorteil, wenn alle Mitarbeiter eines Betriebs bei der Einwandbehandlung „die gleiche Sprache" (Argumentation) verwenden.

Dazu ist es hilfreich, ...

....

....

....

Für eine positive und professionelle Behandlung von echten Einwänden sollten Sie folgende Regeln beachten, z. B.:

....

....

....

....

....

....

....

....

....

....

....

....

....

Das sollten Sie unterlassen:

....

....

....

....

....

....

....

....

....

C Techniken der Einwandbehandlung

Beispiel	Methode	Beschreibung
		Hier gibt der Verkäufer zunächst dem Kunden recht (ja) und schränkt die Zustimmung anschließend durch eine Umformulierung bzw. ein Gegenargument (aber) ein. Alternative Bezeichnungen für „aber“:
		Der Verkäufer fordert den Kunden durch eine Gegenfrage auf, seinen Einwand zu präzisieren. Vorteile:
„Gerade weil wir etwas teurer sind, können wir hochwertigere Rohstoffe bei der Schinkenherstellung verarbeiten und damit andere Zielgruppen ansprechen.“		Alternative Einstiegsformulierungen:
„An dieser Stelle höre ich häufig den Einwand, dass ...“		
		Der Verkäufer stellt den Einwand zurück, weil die Einwandbehandlung an einer anderen Stelle des Verkaufsgesprächs besser passt. Gefahr:

Name: .... **Klasse:** .... **Datum:** ....

....	....	Der Verkäufer spricht den Kunden direkt auf sein zögerliches Verhalten – was als „schweigender“ Einwand interpretiert werden kann – an. Vorteil: ....
....	....	Der Verkäufer spricht bei einem sich abzeichnenden Scheitern des Verkaufsgesprächs einen hartnäckigen Kunden direkt an, unter welchen Bedingungen er zum Kauf bereit wäre. Einsatz bei: ....

Planen

1. Sammeln Sie verschiedene Beispiele von Einwänden, die Sie in Ihrem Ausbildungsbetrieb schon erlebt haben.
2. Analysieren Sie, welche Einwandart vorliegt.
3. Entscheiden Sie, welches Vorgehen (Methode) zur Einwandbehandlung jeweils am besten geeignet ist.
4. Notieren Sie sich dazu geeignete Argumente.

Kundenaussage	Art des Einwands	Vorgehen (Methode)	Verkäuferaussage (Argument)

Durchführen

Erproben Sie die Wirkung der ausgewählten Methoden der Einwandbehandlung in Verkaufsgesprächen.

Bewerten

1. Bewerten Sie jeweils den Erfolg der Methode im Gespräch.
2. Leiten Sie ggf. Verbesserungsvorschläge ab.

Orientieren

Bei einer firmeninternen Schulung der Buchheim KG steht das Thema „Umgang mit reklamierenden Kunden" auf dem Programm. Der Ausbildungsleiter fordert die Auszubildenden auf, zu zwei typischen Fällen aus dem Verkauf Lösungsalternativen zu entwickeln.

Informieren

A Arten von Mängeln

Mangelhaft ist ein Kaufgegenstand, ...

....

Man unterscheidet:

Mangel in der

Menge

Beispiele: ....

....

....

Beispiele: überschrittenes Mindesthaltbarkeitsdatum, beschädigte Verpackung/Darm, falsche Qualitätsstufe/Handelsklasse

....

Beispiel: Statt mittelscharfer Senf wird scharfer Senf geliefert/verkauft.

Beschaffenheit

Beispiele: ....

....

....

Außerdem unterscheidet man:

	Beschreibung	Beispiel
Offener Mangel	....	....
Versteckter Mangel	....	....

B Rechtslage bei mangelhafter Lieferung

Gewährleistungspflicht des Verkäufers

Definition: Gewährleistung ....

Die gesetzlich festgelegte Dauer beträgt: ....

Innerhalb der ersten sechs Monate	Ab dem ....
Beweislast liegt beim	Beweislast liegt beim ....
Nachweis:	Nachweis: ....

Name: ………… Klasse: ………… Datum: …………

Rechte des Käufers (Gewährleistungsansprüche)

Vorrangiges Recht: …………………………

Nach Wahl des Käufers

…………………………
→ …………………………
…………………………

…………………………
→ …………………………
…………………………

Ist die Nacherfüllung (zweimal) gescheitert, hat der Kunde nachrangige Rechte.

Nachrangige Rechte

Minderung	**Wandlung**	**Schadensersatz**
Der Kunde …………	Der Kunde …………	Der Kunde …………
…………	…………	…………
…………	…………	…………
…………	…………	…………
…………	…………	…………

C Umtausch

Definition: Umtausch ist …………………………
…………………………

Umtausch von Waren im Fleischerfachgeschäft:

Ware	Umtausch ja/nein mit Begründung
Lose verpackte Ware	…………
Verpackte Fleisch- und Wurstwaren, Käse usw.	…………

D Mit Reklamationen umgehen

Bedeutung von Reklamationen für das Unternehmen

Im beruflichen Alltag ist eine positive Einstellung gegenüber Rückmeldungen und Beschwerden des Kunden von Vorteil. Wichtige Ziele für den professionellen Umgang mit Reklamationen sind dabei

Umgang mit Reklamationen im Kundengespräch

Während des Gesprächs sind folgende Punkte zu beachten:

- Schnelle, flexible und individuelle Lösungen auf Basis der rechtlichen Grundlagen anstreben

	Berechtigte Beanstandungen	Unberechtigte Reklamationen
Vorgehensweise		
Rechte	Fehlerhafte/ Verdorbene Ware: Leicht beeinträchtigte, aber einwandfreie Ware:	Kein Anspruch

Vorgehensweise am Ende des Reklamationsgesprächs:

Name: Klasse: Datum:

Planen

1. Analysieren Sie die zwei Fallsituationen aus dem Fachbuch (➔ Schülerbuch Seite 239) und überlegen Sie, wie Sie in den beiden Fällen reagiert hätten.
2. Überlegen Sie, welche Rechte der Käufer ggf. in Anspruch nehmen kann.
3. Entwerfen Sie einen optimalen Verlauf der Gespräche zur Lösung der beiden Fälle.
4. Notieren Sie sich dazu Ihre Aussagen/Fragen bzw. die zu erwartende Kundenreaktion.

Phase des Reklamationsgesprächs	Person	Gesprächsverlauf: → Formulierungen/Fragen des Verkäufers → Antworten/Reaktion des Kunden

Durchführen

Führen Sie die Gespräche durch (Videoaufzeichnung).

Bewerten

1. Bewerten Sie die Gespräche gegenseitig, z. B. hinsichtlich Verkäuferverhalten, Kundenorientierung, Zufriedenheit des Kunden.
2. Leiten Sie daraus eventuelle Verbesserungsvorschläge ab.

Wiederholen

Jeweils zwei Bausteine ergeben eine sinnvolle Aussage. Treffen Sie die entsprechende Zuordnung. Zur besseren Übersicht können Sie die einzelnen Paare auch farbig markieren.

	1	2	3	4
A	Unter Minderung versteht man, …	… Ware ohne Fehler bei Nichtgefallen zurückzunehmen.	… verlangt der Fleischermeister die Neulieferung.	… dass der Kunde vom Vertrag zurücktreten kann. Er erhält den Kaufpreis zurück.
B	… verlangt der Fleischermeister vom Hersteller die Nachbesserung.	Weil bei der Lieferung der neuen Ladentheke eine Glasscheibe fehlt, …	… dass der Kunde die Herabsetzung des Kaufpreises verlangen kann.	Ehrlich gemeinte Reklamationen von Kunden bieten die Chance, …
C	… Fehlerquellen aufzuspüren und die Arbeitsprozesse weiter zu optimieren.	Unter Wandlung versteht man, …	Unter Umtausch versteht man die freiwillige Verpflichtung eines Einzelhandelsunternehmens, ….	Da die neue Ladentheke in blauer statt roter Farbe geliefert wird, …

Lösung: ....

4 SICH BEI LADENDIEBSTAHL ANGEMESSEN VERHALTEN UND VERSUCHEN DIEBSTÄHLE ZU VERHINDERN

Orientieren

Informieren

Die Anzahl der Ladendiebstähle in der Fleischerei Baringer nimmt ständig zu. Deshalb sollen die Mitarbeiter Maßnahmen zur Vermeidung von Ladendiebstählen sowie Regeln zum Umgang mit Ladendieben erarbeiten.

A Gründe für Ladendiebstahl

Ladendiebe kommen aus allen Alters- und Bevölkerungsgruppen. Ladendiebstahl erfolgt aus unterschiedlichen Beweggründen, z. B.:

Gründe für Ladendiebstähle	Beispiel
Geldmangel	Ein Jugendlicher stiehlt ein abgepacktes Sandwich, weil er Hunger hat und kein Geld besitzt, um sich dieses zu kaufen.
....	....
....	....
....	....

Weitere Gründe:

....

B Vorbeugende Maßnahmen im Geschäft

Bereich	Anforderung
Verkaufsraum	....
Beleuchtung	....
Regalanordnung	....

Weitere Maßnahmen:

....

....

....

....

Name: .... Klasse: .... Datum: ....

C Verhinderung durch das Verkaufspersonal

Ladendiebstähle kann man vermeiden, wenn man „verdächtige“ Kunden beobachtet. An folgenden Verhaltensweisen kann man ggf. mögliche Diebe erkennen:

Vorgehensweise zur Vermeidung eines Ladendiebstahls:

D Regeln im Umgang mit ertappten Ladendieben

E Rechtslage bei Ladendiebstahl

Formulieren Sie Erläuterungen zu folgenden Stichworten mit eigenen Worten.

Taschenkontrolle

Hausverbot

Name: **Klasse:** **Datum:**

1. Überlegen Sie, welche Vorkehrungen zur Vermeidung von Diebstählen in Ihrem Ausbildungsbetrieb bisher getroffen wurden.
2. Überlegen Sie, welche Maßnahmen zusätzlich ergriffen werden könnten.

4 SICH BEI LADENDIEBSTAHL ANGEMESSEN VERHALTEN UND VERSUCHEN DIEBSTÄHLE ZU VERHINDERN

Durchführen

1. Fertigen Sie eine Skizze der Ladenzone Ihres Ausbildungsbetriebs an.
2. Kennzeichnen Sie darin entsprechende Maßnahmen zur Vermeidung von Diebstählen.

3. Stellen Sie typische Situationen (z. B. Beobachten und Ansprechen von verdächtigen Kunden, Stellen eines Ladendiebs) in Rollenspielen nach.

Bewerten

1. Besprechen Sie mit Ihren Kollegen die Wirksamkeit bzw. Realisierbarkeit der geplanten Maßnahmen auf Ihrer Skizze.

2. Bewerten Sie das Verkäuferverhalten in den Rollenspielen und leiten Sie eventuelle Verbesserungsvorschläge ab.

Orientieren

Informieren

Name: ………………………… **Klasse:** ………… **Datum:** …………

> Die Fleischreifung ist beim Rindfleisch besonders wichtig für die optimale Fleischqualität. Sie sollen einer Bekannten die Zusammenhänge zwischen der Fleischreifung und den Fleischeigenschaften erklären.

A Die Eiweißstruktur im lebenden Muskel

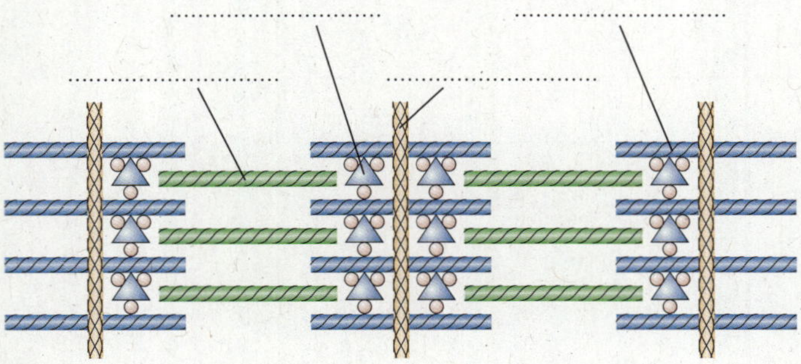

Eiweißstruktur im

………………………… Muskel

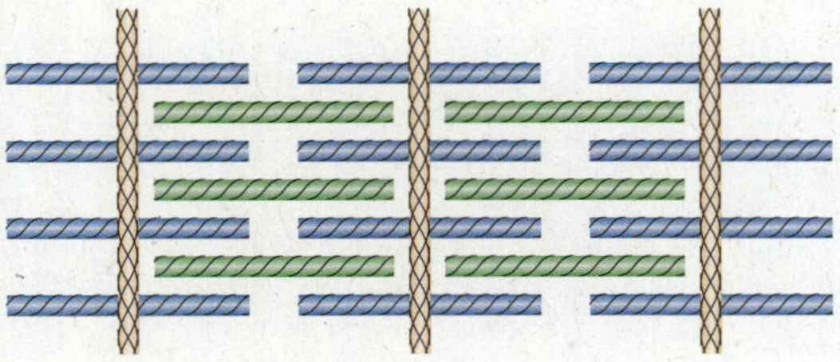

Wenn das ATP aus dem Muskel entweicht,

…………………………………………

…………………………………………

B Vorgänge im Fleisch geschlachteter Tiere

Zeitpunkt	Vorgang	Was passiert im Muskel?
	Schlachtung	Die Steuerung der Vorgänge wird „ausgeschaltet“.
Dauert etwa 24 Stunden	………… ………… …………	Der Muskelzucker wird zersetzt. Dabei entsteht ………… Der pH-Wert …………
1 Tag nach der Schlachtung	………… ………… …………	Das ATP zerfällt. Aktin und Myosin ………… …………
………… nach der Schlachtung	Reifung	………… ………… ………… …………
………… …………	Verderb	…………

C Veränderung der Fleischeigenschaften

Eigenschaften von schlachtwarmem Fleisch		Begründung
pH-Wert	…………………………	
Geruch/Geschmack	☐ fade und leer ☐ kräftig ☐ typisch ☐ ekelerregend	
Biss	☐ sehr zart ☐ zart ☐ zäh	……………………………………………… ………………………………………………
Farbe	☐ kräftig rot ☐ rotviolett ☐ rotbraun ☐ braun	
Wasserbindung	☐ hervorragend ☐ sehr gut ☐ gut ☐ schlecht ☐ sehr schlecht	……………………………………………… ………………………………………………
Haltbarkeit	☐ sehr gut ☐ gut ☐ gefährdet	………………………………………………

Eigenschaften von Fleisch in der Totenstarre		Begründung
pH-Wert	…………………………	………………………………………………
Geruch/Geschmack	☐ fade und leer ☐ kräftig ☐ typisch ☐ ekelerregend	
Biss	☐ sehr zart ☐ zart ☐ zäh	……………………………………………… ………………………………………………
Farbe	☐ kräftig rot ☐ rotviolett ☐ rotbraun ☐ braun	……………………………………………… ………………………………………………
Wasserbindung	☐ hervorragend ☐ sehr gut ☐ gut ☐ schlecht ☐ sehr schlecht	……………………………………………… ………………………………………………
Haltbarkeit	☐ sehr gut ☐ gut ☐ gefährdet	………………………………………………

Name: .... Klasse: .... Datum: ....

Eigenschaften von gereiftem Fleisch		Begründung
pH-Wert	....	....
Geruch/Geschmack	☐ fade und leer ☐ kräftig ☐ typisch ☐ ekelerregend	....
Biss	☐ sehr zart ☐ zart ☐ zäh	....
Farbe	☐ kräftig rot ☐ rotviolett ☐ rotbraun ☐ braun	....
Wasserbindung	☐ hervorragend ☐ sehr gut ☐ gut ☐ schlecht ☐ sehr schlecht	....
Haltbarkeit	☐ sehr gut ☐ gut ☐ gefährdet	....

Eigenschaften von verdorbenem Fleisch		Begründung
pH-Wert	....	....
Geruch/Geschmack	☐ fade und leer ☐ kräftig ☐ typisch ☐ ekelerregend	....
Biss	☐ sehr zart ☐ zart ☐ zäh	....
Farbe	☐ kräftig rot ☐ rotviolett ☐ rotbraun ☐ braun	....
Wasserbindung	☐ hervorragend ☐ sehr gut ☐ gut ☐ schlecht ☐ sehr schlecht	....

D Fehlerhafte Reifung

a) DFD-Fleisch

Eigenschaften von DFD -Fleisch:

D Dark = ...

F .... = ...

D .... = ...

Typischer Verlauf des pH-Werts (bitte ergänzen Sie den Verlauf des pH-Wertes bei DFD-Fleisch):

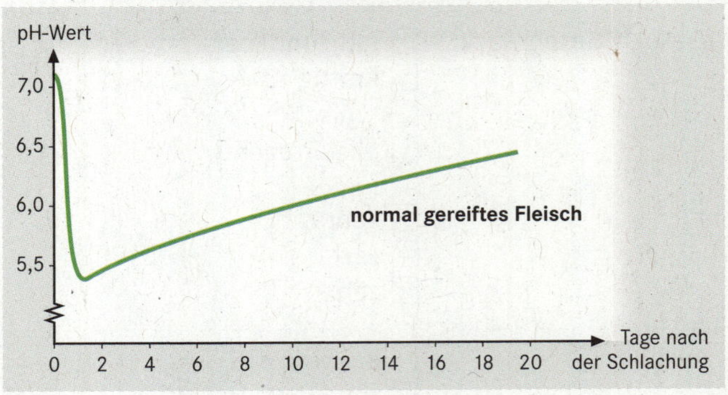

Ursachen für DFD-Fleisch:

- ....
....
- ....
- ....
....

Verwendung von DFD-Fleisch:

....

b) PSE-Fleisch

Eigenschaften von PSE-Fleisch:

P Pale = ...

S .... = ...

E .... = ...

Typischer Verlauf des pH-Werts (bitte ergänzen Sie den Verlauf des pH-Wertes bei PSE-Fleisch):

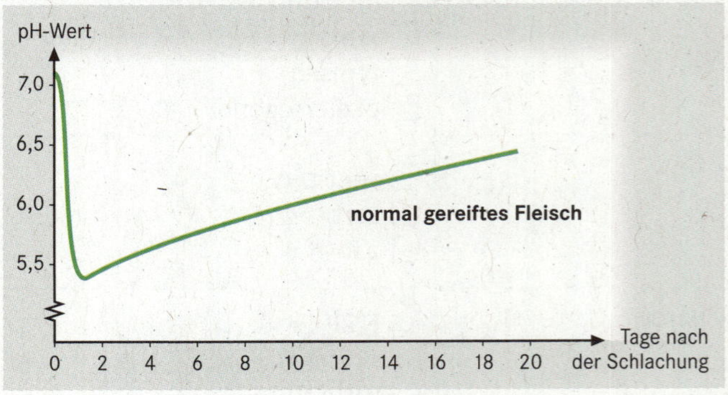

Ursachen für PSE-Fleisch:

- ....
- ....
- ....

Verwendung von PSE-Fleisch:

....

Name: .... Klasse: .... Datum: ....

c) Stickige Reifung

Eigenschaften von stickig gereiftem Fleisch:

- ....
- ....

....

Ursachen für die stickige Reifung:

- ....
- ....

....

Verwendung von stickig gereiftem Fleisch:

....

d) Kälteverkürzung (Cold shortening)

Eigenschaften von kälteverkürztem Fleisch:

- ....
- ....

Ursachen für die Kälteverkürzung:

....

Verwendung von kälteverkürztem Fleisch:

- ....
- ....

....

Überlegen Sie, wie man den Vorgang, die Einflussfaktoren und die Auswirkungen der Fleischreifung in einem Schaubild so darstellen kann, dass ein Kunde sie schnell erfassen kann.

Planen

Erstellen Sie eine Übersicht über die Fleischreifung.

Durchführen

Bitten Sie Ihre Familie, einen Auszubildenden aus dem ersten Lehrjahr oder einen Bekannten, diese Übersicht kritisch zu betrachten.

- Hat derjenige die Zusammenhänge ohne weitere Erklärungen verstanden?
- Könnte er einer anderen Person die Bedeutung der Fleischreifung erklären?

Bewerten

1 KUNDEN ÜBER DIE FLEISCHREIFUNG INFORMIEREN

Wiederholen

1. Suchen Sie in dem Buchstabengitter nach acht Wörtern, die mit der Fleischreifung zu tun haben, und erläutern Sie diese kurz auf einem gesonderten Blatt.

M	W	T	O	T	E	N	S	T	A	R	R	E
I	A	Y	O	K	F	P	G	S	F	E	Q	W
L	S	I	G	L	U	T	A	M	A	T	G	J
C	S	K	E	A	U	A	Z	R	J	S	E	O
H	E	E	G	I	O	C	P	G	H	H	N	P
S	R	Y	L	P	O	T	M	O	T	E	Z	C
A	B	H	Y	N	P	O	P	S	E	U	Y	P
E	I	D	C	T	A	M	M	E	O	R	M	T
U	N	B	O	R	N	Y	Y	M	L	M	E	C
R	D	K	L	H	H	O	P	H	B	D	H	S
E	U	E	Y	F	C	S	N	F	S	G	P	K
B	N	R	S	F	L	I	E	T	L	G	N	B
F	G	R	E	N	H	N	N	R	A	N	A	B

2. In Ihrem Betrieb werden wöchentlich 50,0 kg Roastbeef ausgelöst. Beim Reifen verliert dieses Fleisch insgesamt 4,5 kg. Wie viel Prozent beträgt der Reifeverlust?

3. Sie lösen ein Filet aus. Es wiegt 3,2 kg. Nach drei Wochen Reifezeit wiegt es nur noch 2,8 kg. Wie viel Prozent beträgt der Verlust?

4. Sie lassen eine 6,8 kg schwere Hochrippe zehn Tage lang reifen. Dabei gehen 4,2 % des Gewichts verloren. Wie viel Kilogramm wiegt die gereifte Hochrippe?

5. In der Kalkulation setzt Ihre Fleischerei für ein Kilogramm Roastbeef 11,80 € an. Um den Reifeverlust zu verringern, verpackt Ihre Fleischerei das Roastbeef unter Vakuum. Wenn Sie unter herkömmlichen Bedingungen 6,0 kg Roastbeef unverpackt reifen ließen, wog es nach der Reifung 5,5 kg. Durch das Reifen unter Vakuum wird der Verlust in Zukunft nur noch 2,5 % betragen.

a) Wie viel Prozent betrug der Reifeverlust beim unverpackten Roastbeef?

b) Wie viel wiegt ein 6,0 kg schweres Roastbeef nach der Reifung, wenn man es vakuumverpackt?

6. Sie kaufen 30,0 kg ungereiftes Rinderfilet für 15,00 €/kg ein. Beim Reifen gehen 8 % verloren.

a) Wie viel wiegt das gereifte Filet?

b) Wie viel Euro müssen Sie in Ihrer Kalkulation für ein Kilogramm gereiftes Filet ansetzen, wenn Sie den Reifeverlust ausgleichen möchten?

7. Eine Gaststätte bestellt bei Ihrer Fleischerei 30,0 kg gereiftes Roastbeef. Sie rechnen mit einem Reifeverlust von 9 %. Das ungereifte Roastbeef kostet 12,30 €/kg.

a) Wie viel Kilogramm frisches Roastbeef müssen Sie für diese Bestellung reifen lassen?

b) Wie viel Euro müssen Sie für das gereifte Roastbeef in der Kalkulation ansetzen, damit der Reifeverlust ausgeglichen ist?

Name: Klasse: Datum:

Katrin Eisinger fühlt sich noch nicht sicher, wenn sie Kunden beim Rindfleischkauf beraten soll. Vor allem beim fachgerechten Zuschnitt der Fleischteile und deren Eignung für Gerichte hat sie noch Schwierigkeiten. Für das Beratungsgespräch möchte sie sich die wichtigsten Fakten auf einem Übersichtsblatt zusammenstellen.

Orientieren

Informieren

A Fleischteile der Rinderhälfte

Benennen Sie die Fleischteile und tragen Sie die Ziffern in die Abbildung ein.

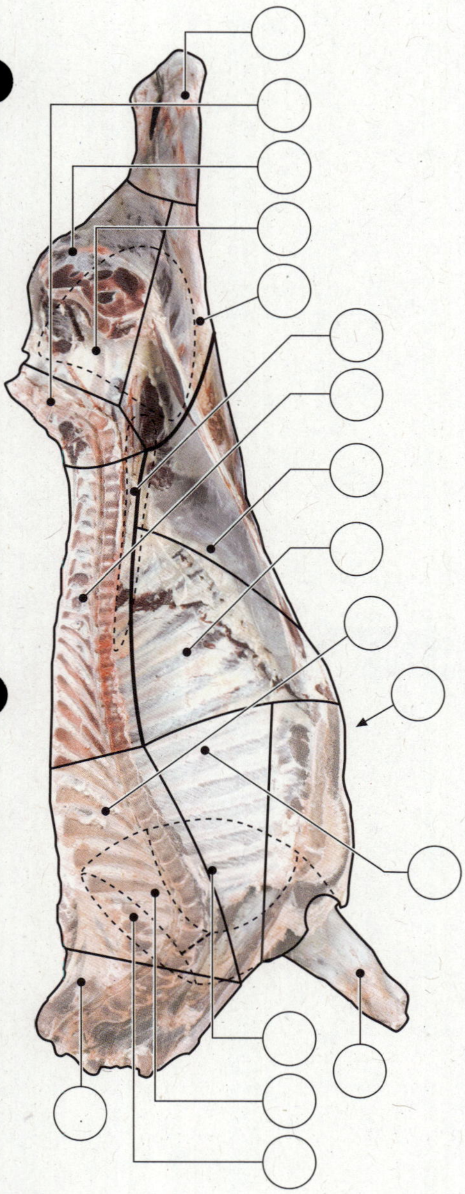

	Bezeichnung allgemein	Bezeichnung in meinem Betrieb
1	....	....
2	....	....
3	....	....
4	....	....
5	....	....
6	....	....
7	....	....
8	....	....
9	....	....
10	....	....
11	....	....
12	....	....
13	....	....
14	....	....
15	....	....
16	....	....
17	....	....

B Feinzerlegung der Keule

Benennen Sie die Fleischteile und tragen Sie die Ziffern in die Abbildung ein.

	Fleischteil allgemein	Fleischteile aus der Feinzerlegung
1	Schwanzstück	
2		
3		
4		
5		
6		
7		

C Die beliebtesten Fleischteile aus dem Vorderviertel

Benennen Sie die Fleischteile und geben Sie ein Gericht an, das man daraus zubereiten kann.

	Bezeichnung allgemein	Gericht

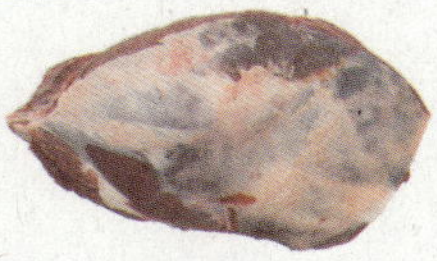		

Name: .... Klasse: .... Datum: ....

D Die beliebtesten Fleischteile aus dem Hinterviertel

Benennen Sie die Fleischteile und geben Sie ein Gericht an, das man daraus zubereiten kann.

	Bezeichnung allgemein	Gericht aus diesem Fleischteil
	....	....
	....	....
	....	....
	....	....
	....	....

E Fleisch küchenfertig zuschneiden

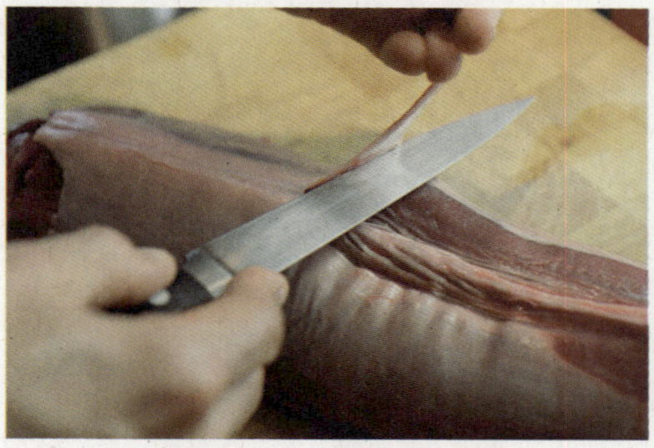

Beim Parieren werden die Fleischstücke sauber zugeschnitten. Hierbei entfernt man:

- ....
- ....
- ....

Beim Zuschneiden großer Fleischteile rechnet man für den Verzehr pro Person mit etwa .... Fleisch.

Bei der Auswahl der Fleischstücke, z. B. für Braten, sollte man Folgendes beachten:

....

....

....

....

....

....

....

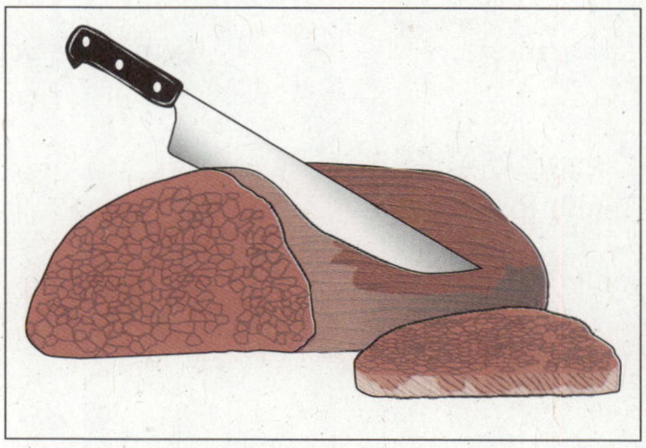

F Steaks aus Rindfleisch

a) Steaks aus dem Rücken

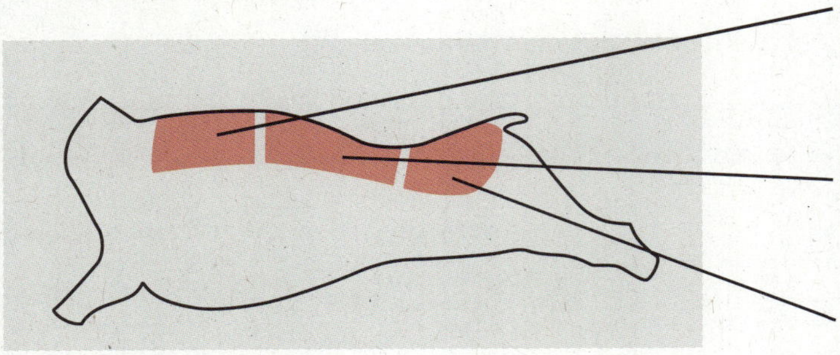

Rumpsteak / Sirloin-Steak = 2 cm dicke Scheibe aus ....

Entrecôte / Lendensteak = ...

Clubsteak = ...

Rib-Eye-Steak / Delmonico-Steak = ...

....

b) Gerichte aus dem Filet

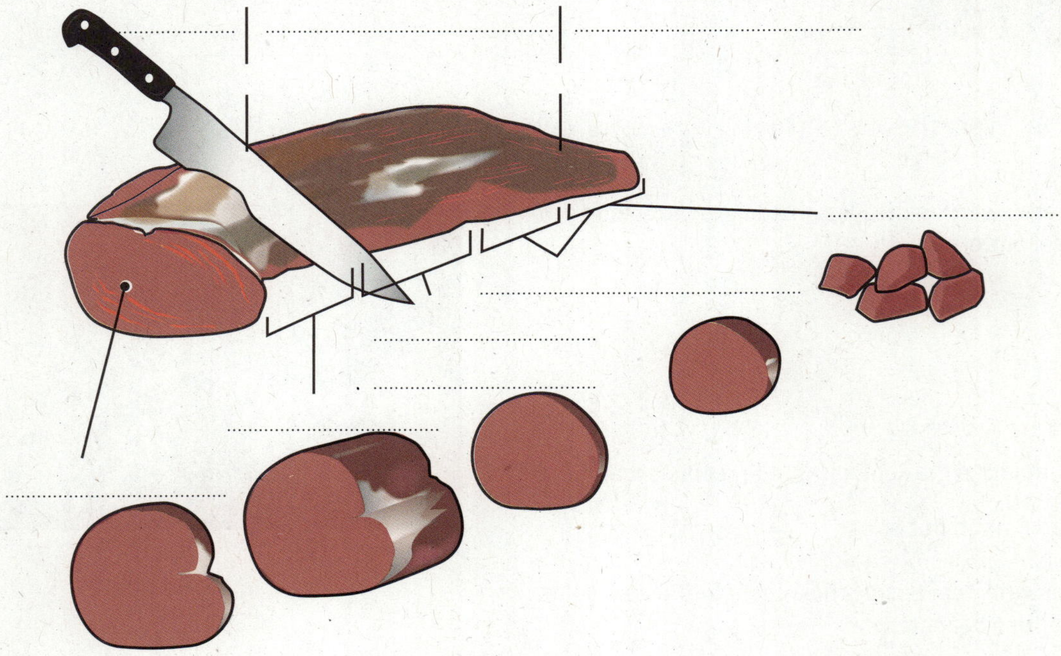

Chateaubriand = 5 cm dicke Scheibe aus dem ....

Filetsteak / Tenderloinsteak = ...

Filet mignon = ...

....

Filet Stroganoff = ...

Name: .... **Klasse:** .... **Datum:** ....

c) Steaks aus der großen Lende

Die große Lende besteht aus: ....

T-Bone-Steak =

2 cm dicke Scheibe aus dem Bereich der ....

Porterhouse-Steak =

....

G Rindfleisch veredeln

Durch folgende Bearbeitungsschritte soll die Qualität von Rindfleisch gehoben werden:

Bezeichnung Spicken

Anwendung bei ....

Verfahren ....

Vorteile ....

Bezeichnung ....

Anwendung bei ....

Verfahren ....

Vorteile ....

Bezeichnung ....

Anwendung bei ....

Verfahren ....

Vorteil ....

Planen

Überlegen Sie sich, welche Fleischteile in Ihrer eigenen Übersicht dargestellt werden sollten und wie Sie die Bezeichnung der Fleischteile in einer anschaulichen Übersicht darstellen können.

Durchführen

Erstellen Sie eine Übersicht, aus der Sie im Verkaufsgespräch schnell die Fleischteile des Rinds und die wichtigsten Fleischzuschnitte ablesen können.

Bewerten

Nutzen Sie dieses Übersichtsblatt für Verkaufsgespräche in Ihrem Betrieb oder in der Berufsschule. Beurteilen Sie, ob diese Übersicht für Sie hilfreich war.

Wiederholen

Lösen Sie folgendes Rätsel.

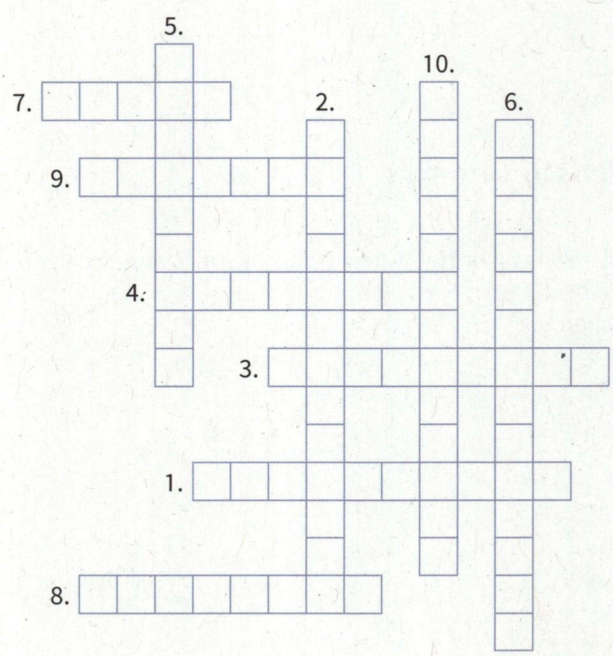

1. Bearbeitungsmethode, die sich vor allem für kurz gereiftes Fleisch eignet
2. Eine etwa 4-5 cm dicke Scheibe aus dem Filet
3. Steak aus dem Roastbeef oder der Blume
4. Fachausdruck für das saubere Zuschneiden von verkaufsfertigen Fleischteilen
5. DLG-Bezeichnung für den vorderen Teil des Rückens
6. Flach geschnittene Fleischstückchen
7. Das edelste Fleischteil
8. Steak aus dem Filetkopf
9. Würfelförmig geschnittene Fleischstückchen
10. Fleischteil aus der Rinderkeule

Name: .... Klasse: .... Datum: ....

Katrin Eisinger möchte für Ihre Kunden ein Faltblatt über die Verwendung von Rindfleisch in der Küche erstellen. Auch Informationen über ein geeignetes Zusatzsortiment sollen darin enthalten sein.

Orientieren

Informieren

A Einflussfaktoren auf die Fleischeigenschaften

Einflussfaktoren	Beispiel	Auswirkung auf die Qualität des Gerichts/Produkts
.... 	Fleischrassen, z. B.	Vorteil: ....
	Milchrassen, z. B.	Vorteil: ....
....	Bullen	Vorteil: ....
	Ochsen oder Kühe	Vorteil: ....
.... 	Laufstall oder Freilandhaltung	Vorteil: ....
	Anbindestall	Vorteil: ....
....	Kraftfutter	Vorteil: ....
	Gras, Heu etc.	Vorteil: ....
.... 	Altes Tier	Geeignet für: .... Vorteil: ....
	Junges Tier	Geeignet für: .... Vorteil: ....

B Verwendung von Rindfleisch im Privathaushalt

a) Rohes Rindfleisch

Tartar = sehr mageres .... mit rohem Ei,

....

....

angemacht

.... = hauchdünne Scheiben Rinderfilet

Dressing aus ....

....

b) Grillen und Kurzbraten

Garstufen:

englisch (blutig) = ...

....

....

medium (....................) = ...

....

....

....

.... = ...

....

....

....

Geeignete Fleischteile: ....

....

Name: *Klasse:* *Datum:*

c) Braten

Typisches Gericht: ....

Herstellung: (stichpunktartige Beschreibung)

....

....

....

....

Geeignete Fleischteile: ....

d) Schmoren

Typisches Gericht: ....

Herstellung: (stichpunktartige Beschreibung)

....

....

Geeignete Fleischteile: ....

e) Sieden

Typisches Gericht: ....

Herstellung: (stichpunktartige Beschreibung)

....

....

Geeignete Fleischteile: Tafelspitz, ...

Typisches Gericht: ....

Herstellung: (stichpunktartige Beschreibung)

....

....

Geeignete Fleischteile: Spannrippe, Brust, ...

C Besondere Gerichte aus Rindfleisch

Rouladen

Kennzeichnen Sie in der Abbildung die geeigneten Fleischteile und benennen Sie diese.

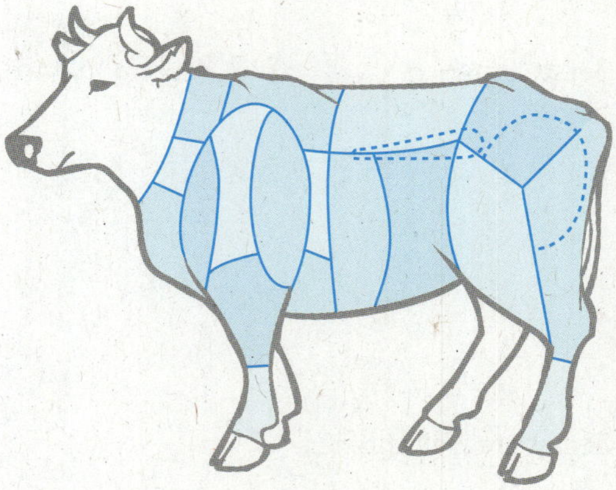

Fleischteile: ....

Zubereitung:

- ....
- ....
- ....

Sauerbraten

Kennzeichnen Sie in der Abbildung die geeigneten Fleischteile und benennen Sie diese.

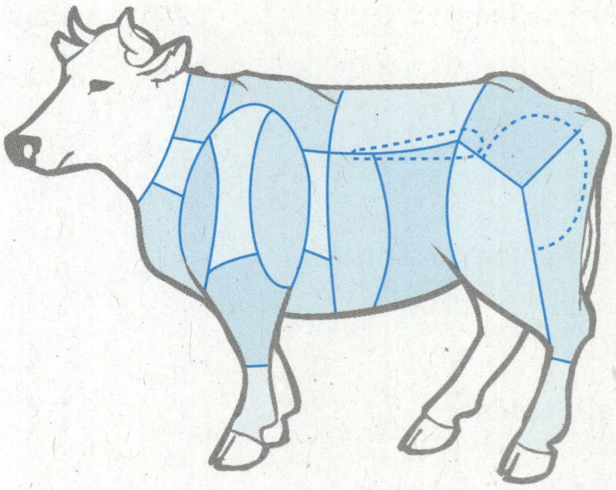

Fleischteile: ....

Zubereitung:

- ....
- ....
- ....

Boeuf a la mode

Kennzeichnen Sie in der Abbildung die geeigneten Fleischteile und benennen Sie diese.

Fleischteile: ....

Zubereitung:

- ....
- ....
- ....

Name: Klasse: Datum:

D Fleischteile für die Zubereitung

Benennen Sie die Fleischteile und kreuzen Sie die Eignung an.

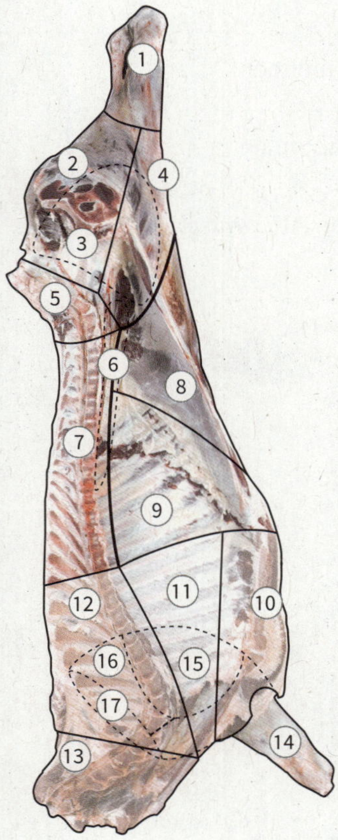

	Bezeichnung	Eignung: Grillen/Kurzbraten	Braten	Schmoren	Sieden
1					
2					
3					
4					
5					
6					
7					
8					
9					
10					
11					
12					
13					
14					
15					
16					
17					

E Passende Artikel aus dem Zusatzsortiment

Würzmittel

Gericht	geeignetes Würzmittel	Rohstoffe
Kurzgebratenes 		
Bratwürste 		
		Sojabohnen
		Sojabohnen
	geriebener Meerrettich	Meerrettichwurzel 

Teigwaren

Rohstoffe für die Herstellung von Nudeln:

-
-
-

Hartweizennudeln haben bessere Kocheigenschaften.

Begründung:

Besonderheiten von Eierteigwaren:

Portionsgröße:

bzw.

Name: **Klasse:** **Datum:**

Gemüse

a) Suppengemüse

Dazu gehören:

Verwendung:

b) Blaukraut/Rotkohl

Verwendung:

c) Eigenes Beispiel:

Zu beachten:

Die Auslage von rohem Gemüse muss auf alle Fälle räumlich von der Fleisch- und Wursttheke getrennt sein.

Begründung:

Planen

1. Notieren Sie die wichtigsten Informationen über die Verwendung von Rindfleisch.
2. Überlegen Sie sich, wie Sie diese Informationen möglichst anschaulich und übersichtlich darstellen können.

Durchführen

Erstellen Sie ein Merkblatt über die Eigenschaften und Verwendungsmöglichkeiten der verschiedenen Fleischteile des Rinds. Beschränken Sie sich dabei auf die Vorder- und Rückseite eines DIN-A4-Blatts. Achten Sie darauf, dass die Informationen gut lesbar und verständlich dargestellt sind.

Bewerten

1. Erklären Sie mithilfe Ihres Blatts einem Bekannten, der wenig Erfahrung in der Küche hat, wie man aus Rindfleisch köstliche Mahlzeiten zubereiten kann.
2. Beurteilen Sie die Qualität Ihres Informationsblatts.
   - War es übersichtlich genug?
   - Waren die verwendeten Grafiken hilfreich?
   - Waren die Texte leicht verständlich?
   - Konnten Sie die Informationen Ihrem Bekannten näherbringen?

3 KUNDEN ÜBER DIE VERWENDUNG VON RINDFLEISCH BERATEN

Wiederholen

1. Eine Kundin möchte Sauerbraten zubereiten. Empfehlen Sie ihr ein Fleischteil und begründen Sie Ihre Wahl. Geben Sie ihr Tipps für die Zubereitung.

Empfehlung: ....

Zubereitung: ....

2. Ein Kunde möchte für eine Grillparty Steaks kaufen. Sie empfehlen Roastbeefscheiben vom Charolaisrind aus der Freilandhaltung. Begründen Sie Ihre Auswahl. Welche Produkte aus dem Zusatzsortiment können Sie dem Kunden empfehlen?

Begründung: ....

Alternative: ....

Zusatzsortiment: ....

3. Eine Kundin möchte Schmorbraten aus dem Roastbeef zubereiten. Was raten Sie ihr?

4. Wie beraten Sie eine Kundin, die aus dem Tafelspitz Tellerfleisch zubereiten möchte?

5. Sie präsentieren einem Kunden, der Rostbraten zubereiten möchte, ein vakuumgereiftes Roastbeef. Der Kunde fragt nach, ob das Fleisch auch wirklich gut gereift sei. Was antworten Sie?

Name: .... Klasse: .... Datum: ....

Svenja Kallenbach soll die Erweiterung des Frischfleischsortiments vorbereiten. Für eine Werbekampagne überlegt sie sich Werbemittel für mögliche neue Sortimentsgruppen.

Orientieren

Informieren

A Verwendung von Kalbfleisch im Privathaushalt

a) Besondere Eigenschaften von Kalbfleisch

Definition: Kalbfleisch ....

Definition: Jungrindfleisch ....

Benennen Sie die Unterschiede zum Rindfleisch.

Farbe: ....

Wasserbindung: ....

Biss: ....

Beschreiben Sie besondere Haltungsformen.

Milchkalb: ....

Mutterkuhhaltung: ....

....

b) Fleischteile des Kalbs und Zubereitung

Benennen Sie die Fleischteile und kreuzen Sie die Eignung an.

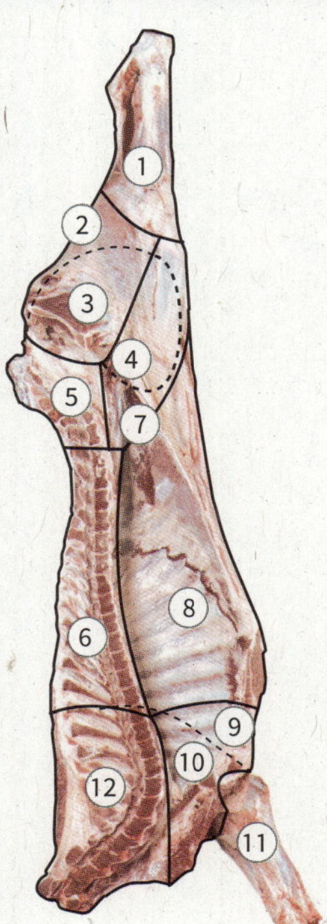

	Fleischteil	Eignung		
		Grillen/ Kurzbraten	Braten	Schmoren
1	....			
2	....			
3	....			
4	....			
5	....			
6	....			
7	....			
8	....			
9	....			
10	....			
11	....			
12	....			

c) Kalbfleischgerichte

Es gibt Gerichte, die nur aus Kalbfleisch hergestellt werden dürfen.

Wiener Schnitzel: ....

Cordon Bleu: ....

Schnitzel à la Holstein: ....

d) Sautieren

Typisches Gericht: ....

Herstellung: ....

....

....

....

....

Geeignete Fleischteile: ....

....

e) Die beliebtesten Fleischteile des Kalbs

Benennen Sie die Fleischteile und geben Sie ein Gericht an, das man daraus zubereiten kann.

	Fleischteil	Gericht
	....	....
	....	....
	....	....
	....	....
	....	....
	....	....

Name: .... Klasse: .... Datum: ....

B Wildfleisch

Geläufige Wildtierarten	Exotische Wildtierarten
....	....
....	....
....	....
....	....

Benennen Sie Unterschiede zu Rind- oder Schweinefleisch.

Farbe: ....

Geschmack: ....

Beschreiben Sie unterschiedliche Eigenschaften von Wild aus der freien Wildbahn im Gegensatz zu Gehegewild.

Wild aus der freien Wildbahn: ....

Gehegewild: ....

C Geflügel

		Schlachtalter	Gewicht	Portionen
Huhn	Hähnchen	6 Wochen	....	....
	Poularde	....	....	....
	Suppenhuhn	....	....	....
Ente	Junge Ente	2–3 Monate	....	....
	Ente	....	....	....
Gans	Frühmastgans	....	....	....
	Junge Gans	....	....	....
	Hafermastgans	....	....	....
Pute	Babyputen	....	....	....
	Puten werden normalerweise in Teilstücken verkauft, z. B.			

Nennen Sie verschiedene Wildgeflügel.

....

Benennen Sie Besonderheiten von Straußenfleisch.

....

4 KUNDEN ÜBER DAS FLEISCH ANDERER SCHLACHTTIERE BERATEN

Benennen Sie besondere Eigenschaften von Geflügelfleisch.

Farbe: sehr hell

Ausnahme: ....

Wasserbindung: ....

Biss: ....

Geschmack: kräftiger Eigengeschmack: ....

schwacher Eigengeschmack: ....

Fettgehalt: ....

Keimgehalt: ....

Beschreiben Sie Hygienemaßnahmen beim Umgang mit Geflügel in der Fleischerei.

....

....

....

....

....

....

....

....

....

....

....

....

....

Planen

1. Fassen Sie die Inhalte zusammen, die Sie in einer Informationsveranstaltung zu Kalb-, Wild-, und Geflügelfleisch präsentieren wollen.
2. Suchen Sie nach geeigneten Medien, mit denen Sie bei dieser Gelegenheit arbeiten können.
3. Erstellen Sie einen Fragenkatalog, mit dessen Hilfe Sie den Erfolg Ihrer Veranstaltung überprüfen können.

Durchführen

Bereiten Sie eine Informationsveranstaltung an Ihrer Berufsschule zum Thema Kalb-, Wild- und Geflügelfleisch vor und führen Sie diese Veranstaltung durch.

Bewerten

Überprüfen Sie den Erfolg Ihrer Veranstaltung durch eine Befragung verschiedener Mitschüler vor und nach der Veranstaltung.

Wiederholen

Name: **Klasse:** **Datum:**

1. Sie bieten einer Kundin, die für eine Feier ein besonderes Stück Fleisch haben möchte, Hirschbraten von Gehegewild an. Die Kundin ist besorgt, weil Hirschfleisch doch recht streng schmecke und oft trocken und zäh sei. Was erwidern Sie?

2. Ihre Fleischerei hat in den letzten Wochen Kalbfleisch aus der Mutterkuhhaltung in das Sortiment aufgenommen. Ein Stammkunde, der bisher nur Schweine- und Putenfleisch gekauft hat, ist noch unentschlossen, was er für die Zubereitung des sonntäglichen Mittagsessens kaufen soll. Wie empfehlen Sie ihm Kalbfleisch?

3. Eine Kundin möchte Züricher Geschnetzeltes zubereiten. Beschreiben Sie ihr die Zubereitung und bieten Sie ihr passende Artikel aus dem Zusatzsortiment an.

Orientieren

Informieren

Svenja Kallenbach will ihren Chef davon überzeugen, dass eine Fischtheke in ihrer Filiale den Gewinn steigern könnte. Zu diesem Zweck erstellt sie ein Konzept zu Einkauf und Vermarktung von Fisch und Meeresfrüchten.

A Frischer Fisch

Merkmale zur Beurteilung von frischem Fisch:

Augen → ....

Schuppen → ....

Kiemen → ....

Geruch → ....

Druckstellen → ....

Arbeitsschritte nach dem Schlachten:

- ....
- ....
  Ausnahme: ....
  ....
- ....
  Vorsicht: ....
  ....
- ....

Angebotsformen

- Ganze Fische = ganzer Fisch, geschuppt und ausgenommen
  Beispiele: ....

- Fischfilet = ...
  Beispiele: ....

- Fischsteak = ...
  Beispiel: ....

- Portioniert = aus dem Fisch geschnittene Stücke
  Beispiel: ....

Name: .... Klasse: .... Datum: ....

Verwendung im Haushalt

- Sushi

  Erläuterung: ....

  ....

- Müllerinart

  Erläuterung: ....

  ....

- Dünsten

  Erläuterung: ....

  ....

  ....

- Blau

  Erläuterung: ....

  ....

Präsentation im Fachgeschäft

....

....

....

....

....

....

B Konservierter Fisch

- Räucherfisch

  Beispiele und Erläuterungen:

  Bückling = ...

  Schillerlocken = ...

  ....

- ....

  Beispiele:

  Geleehering, ...

- Weitere Angebotsformen:

  ....

C Krustentiere

Beispiele:

Lebende Krustentiere sind bräunlich-grau gefärbt.

Farbveränderung:

D Schalentiere

Beispiele:

Unterscheidung von frischen und verdorbenen Schalentieren:

Achtung:

Planen

1. Suchen Sie nach Bezugsquellen für Fisch und Meeresfrüchte.
2. Planen Sie die nötigen Umbauten in der Filiale und ermitteln Sie die anfallenden Kosten.
3. Suchen Sie nach wirksamen Verkaufsargumenten und geeigneten Werbemaßnahmen für die Sortimentserweiterung.

Durchführen

Erstellen Sie ein Konzept zur Einführung von Fisch und Meeresfrüchten in Ihrem Ausbildungsbetrieb. Das Konzept sollte Ihren Betriebsleiter davon überzeugen können, dass eine solche Maßnahme den Betriebserfolg nachhaltig steigert.

Bewerten

Stellen Sie Ihr Konzept Ihren Mitschülern vor. Ihre Mitschüler sollen Erfolgsaussichten bei einem Gespräch mit Ihrem Betriebsleiter abschätzen.

Name: Klasse: Datum:

Wiederholen

1. Suchen Sie in dem Buchstabengitter nach zehn Begriffen, die mit dem Angebot von Fisch und Meeresfrüchten im Fleischerfachgeschäft zu tun haben, und erläutern Sie diese Begriffe kurz.

D	S	C	H	A	L	E	N	T	I	E	R	E
E	Q	C	D	K	T	B	V	A	V	R	H	D
R	R	S	D	I	X	S	L	A	S	E	F	U
X	D	M	Y	J	H	T	S	A	M	I	I	E
X	U	K	A	F	B	S	M	U	U	T	S	N
B	Y	Z	I	I	E	T	U	H	E	N	C	S
R	M	E	D	G	S	P	M	S	L	E	H	T
A	B	U	E	C	K	L	I	N	G	T	S	E
S	C	H	E	R	B	E	N	E	I	S	T	N
F	I	S	C	H	F	I	L	E	T	U	E	L
L	K	O	G	J	Q	N	L	A	C	R	A	J
N	A	S	T	B	M	E	R	S	J	K	K	P
R	O	T	F	A	E	R	B	U	N	G	G	U

2. Ihr Betrieb kauft 150 Gläser Bratheringe ein. Der Listenpreis beträgt 1,50 €/Glas netto, es wurden 12 % Rabatt vereinbart. Für die Lieferung fallen 18,75 € an. Die Gemeinkosten im Verkauf betragen 15 %, der Gewinn soll 6 % ausmachen.
Zu welchem Preis muss ein Glas Brathering angeboten werden, wenn die gesetzliche Mehrwertsteuer berücksichtigt wird?

3. Ihr Betrieb nimmt geräucherte Makrelen in sein Sortiment auf. Sie erhalten folgendes Angebot:

Bestellmenge: 70,0 kg
Preis je Kilogramm: 7,80 € netto
Versandkosten: 9,50 €
Skonto bei Bezahlung innerhalb von 10 Tagen: 3 %

Sie rechnen mit 13 % Gemeinkosten im Verkauf und 8 % Gewinn. Bis die gesamten Makrelen verkauft sind, werden bei der Lagerung insgesamt 3 % verloren gehen, beim Verkauf ist außerdem mit 2 % Verlust zu rechnen.
Zu welchem Preis müssen 100 g Makrelen verkauft werden, wenn Sie die gesetzliche Mehrwertsteuer berücksichtigen und das Skonto in Anspruch nehmen?

Orientieren

Informieren

Wegen des Besuchs einer Delegation aus der französischen Partnerstadt richtet der örtliche Fleischereibetrieb eine französische Woche aus. Aus diesem Grund soll Sonja Weiß die Käsetheke passend bestücken.

A Herstellung von Käse

Beschreiben Sie die Herstellung von Käse. Bringen Sie hierfür folgende Fachbegriffe und Satzbruchstücke in die richtige Reihenfolge und formulieren Sie daraus einen zusammenhängenden Text.

schneiden / Mikroorganismen / Bakterien / Hefen / Schimmelpilze / Käsebruch / Lab / Käsebruch wird fester / Reifen / Dicklegen / rühren und erwärmen / Molke / Milch gerinnt / Enzym aus dem Kälbermagen / pressen / typischer Geschmack / Geruch und Aussehen / Quark oder Frischkäse

B Rechtliche Bestimmungen

Wird keine Angabe zur Herkunft der Milch gemacht, stammt sie von folgender Tierart:

Andere Tierarten, aus deren Milch Käse hergestellt wird:

Name: .... Klasse: .... Datum: ....

a) Einteilung der Käsegruppen nach dem Wassergehalt

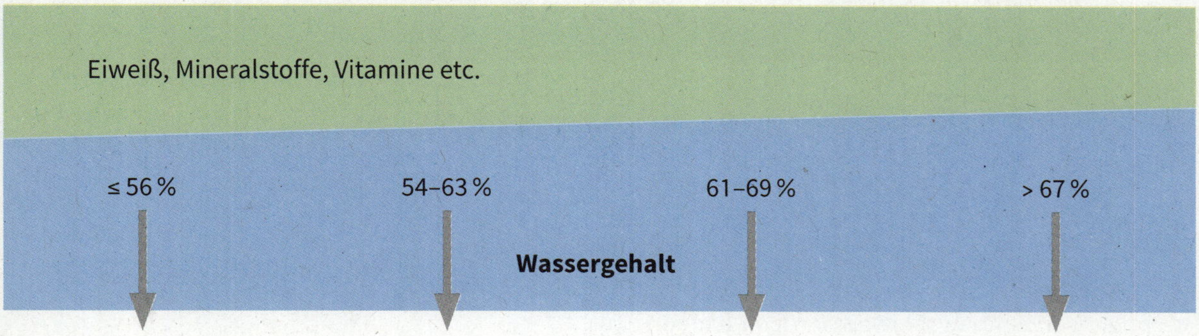

....

....

Bedeutung der Prozentsätze: ....

Der tatsächliche Wassergehalt der Käsegruppen ist also ☐ höher ☐ niedriger

b) Einteilung der Käsesorten nach dem Fettgehalt

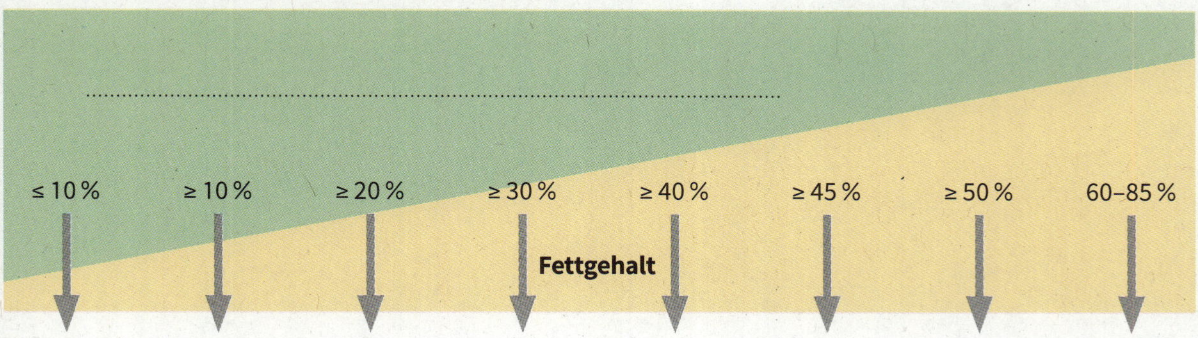

....

....

....

....

Bedeutung der Prozentsätze: ....

Der tatsächliche Fettgehalt der Käsegruppen ist also ☐ höher ☐ niedriger

C Ein Käsesortiment zusammenstellen

Käsesorten mit einem milden Aroma/Geschmack:	Käsesorten mit einem kräftigen Aroma/Geschmack:	Käsesorten mit einem intensiven, pikanten Aroma/Geschmack:
▸	▸	▸ ....
▸	▸	▸ ....
▸	▸	▸ ....
▸	▸	▸ ....
▸	▸	▸ ....
▸	▸	▸ ....

D Käse lagern und für den Verkauf vorbereiten

Lagerung	Begründung
Kühl	....
Dunkel	....
Aromadicht	....

Wichtiger Verwendungshinweis für den Kunden:

....

....

....

Zeichnen Sie in folgende Grafiken geeignete Möglichkeiten ein, um die Käselaibe in gleichwertige Stücke aufzuteilen.

E Käse in der Theke präsentieren

Bei der Anordnung in der Käsetheke sollte man die unterschiedlichen Käsesorten nach ihrer Beschaffenheit und nach dem Aussehen anordnen.

Zu Camembert passen: ....

Zu Emmentaler passen: ....

Zu Harzer passen: ....

Die Zusammenstellung des Käsesortiments hängt von den Bedürfnissen und Vorlieben der Kundschaft ab. Benennen Sie diese.

....

....

....

....

....

....

....

Name: **Klasse:** **Datum:**

Planen

1. Legen Sie ein Thema für eine Aktionswoche fest (z. B. italienische Woche, französische Woche usw.).
2. Stellen Sie ein Käsesortiment zusammen und suchen Sie geeignete Bezugsquellen.
3. Sammeln Sie Informationen, um im Verkaufsgespräch geeignete Argumente formulieren zu können.

Durchführen

1. Präsentieren Sie in der Berufsschule die ausgewählten Käsesorten angemessen in einer Käsetheke.
2. Führen Sie Verkaufsgespräche durch.

Bewerten

Beurteilen Sie gemeinsam mit Ihren Mitschülern die Auswahl und Präsentation in der Käsetheke.

Wiederholen

1. Ein Kunde möchte für einen Herrenabend eine rohe Schinkenplatte und eine Käseplatte bestellen. Welche Käsesorten empfehlen Sie dem Kunden? Begründen Sie Ihre Auswahl.

2. Eine Kundin möchte für einen Stehempfang am Vormittag Käsehäppchen bestellen. Welche Käsesorten empfehlen Sie der Kundin? Begründen Sie Ihre Auswahl.

3. In einer Gesprächsrunde wird die Meinung geäußert, dass Käse sehr fett sei. Viele Käsesorten enthielten mehr als 50 % Fett. Beim Camembert stünde auf der Verpackung beispielsweise ein Fettgehalt von 45 %. Wie äußern Sie sich zu diesen Aussagen?

4. Wie kommen die Löcher in den Emmentaler?

Name: .... Klasse: .... Datum: ....

> Die Fleischerei Baringer steht diese Woche unter dem Motto „Fit in den Frühling mit Feinkostsalaten“. Sie erhalten den Auftrag, ein passendes Angebot an Salaten zu kreieren und herzustellen.

Orientieren

Informieren

A Allgemeine Bestimmungen

a) Definition nach den Leitsätzen: ....

....

....

b) Zutaten für Soßen:

....

....

Ersatz für Mayonnaise oder Salatmayonnaise bei fettreduzierten Erzeugnissen: ....

c) Der Einsatz von Verdickungsmitteln ist grundsätzlich erlaubt (➜ Schülerbuch Seite 342). Dazu gehören z. B.:

....

d) Beim Einsatz von Frischeiern gelten folgende Bestimmungen (➜ Schülerbuch Seite 342):

- ....
- ....
- ....

B Einteilung in drei Gruppen

a) Salate mit ....

Verkehrsbezeichnung	Salatzutat und Mindestgehalt
Matjessalat	mind. ....
Krabbensalat	....

Weitere in den Leitsätzen beschriebene Salate:

....

b) Salate aus Gemüse, Pilzen, Obst, Käse, Eiern und andere Feinkostsalate, z. B. mit Kartoffeln, Reis und Teigwaren

Beispiele: ....

Anteil an festen Bestandteilen: ....

Wird in der Verkehrsbezeichnung auf eine oder mehrere Zutaten besonders hingewiesen, ist Folgendes zu beachten: ....

c) Salate mit ....

(Die Mindest- und Höchstmengen nach den Leitsätzen sind bezogen auf ein Kilogramm.)

Verkehrsbezeichnung	Salatzutat und Mindestgehalt	Andere Zutaten, Höchstgehalt	Dressing/Soße/ Marinade
....	Fleisch und/oder Fleischsalatgrundlage und/oder Brühwurst; mind. 25 % ≙ 250 g	.... max.	....
Delikatessfleischsalat	Fleisch und/oder Fleischsalatgrundlage und/oder Brühwurst; mind.	Gurken und würzende Zutaten; max.	....
Rindfleischsalat	gegartes, geschnittenes Rindfleisch;	Gemüse, z. B.	keine Festlegung
Geflügelsalat	.... mind.	....	keine Festlegung

C Zusammensetzung von Mayonnaise und Remoulade

Es werden folgende Erzeugnisse unterschieden:

Mayonnaise

Hervorhebende Hinweise: ....

Zutaten für die Herstellung (Emulsion):

- Fett: ....
- Emulgator: ....
- Säure (Wasseranteil): ....
- würzende Zutaten: ....

Salatmayonnaise

Hervorhebende Hinweise: ....

Unterschiede zur Mayonnaise: ....

....

Remouladen

Definition: ....

....

Name: .... Klasse: .... Datum: ....

D Präsentation

Bestücken der Verkaufstheke

- ....
- ....
- ....
- versehen mit zum Salat passenden Garnituren. Beispiele:

Salat	Garniervorschlag	Zusatzempfehlung
Rindfleischsalat mit Gemüse	....	....
Schweizer Wurstsalat	....	....
Matjessalat	....	....
Eigenes Beispiel:	....	....

Erhaltung der Frische und des appetitlichen Aussehens

- ....
....
- ....
....
- ....
....
- ....
....
- ....
....

Werbemittel

- ....
- ....
- ....

1 FEINKOSTSALATE HERSTELLEN UND DEKORATIV IN DER THEKE PRÄSENTIEREN

Planen

1. Stellen Sie ein Salatangebot für Ihre Fleischerei zusammen.
2. Erstellen Sie die Rezepturen und ermitteln Sie die benötigten Mengen.
3. Kalkulieren Sie den Verkaufspreis für je 1,0 kg und einen 200-g-Becher.
4. Erstellen Sie Qualitätskriterien für die fertigen Produkte inklusive der Garnituren.

Durchführen

1. Stellen Sie die Salate her und garnieren Sie diese passend aus.
2. Richten Sie diese fachgerecht und dekorativ in der Theke an.
3. Gestalten Sie ein Preisschild und ggf. ansprechende Werbematerialien.

Bewerten

1. Beurteilen Sie die hergestellten Salate, die Präsentation in der Theke und den Arbeitsprozess.
2. Leiten Sie vom Ergebnis der Überprüfung eventuelle Verbesserungsvorschläge ab.

Wiederholen

1. Jens Witte soll den Wurstsalat neu kalkulieren. Hierfür wurden folgende Mengen verarbeitet:
   5,0 kg Fleischwurst, 7,80 €/kg
   1,3 kg Gewürzgurken, 2,95 €/kg
   1,2 kg Zwiebeln, 0,95 €/kg
   1,8 kg Marinade zu insgesamt 2,75 €
   An Herstellungsgemeinkosten sind pro Kilogramm geschnittener Einlage 1,40 €, an Verkaufsgemeinkosten 45 %, an Gewinn 20 % und die gesetzliche Mehrwertsteuer zu berücksichtigen.
   a) Berechnen Sie den Preis pro Kilogramm.
   b) Berechnen Sie den Verkaufspreis für einen 200-g-Becher, wenn dieser selbst mit einem Stückpreis von 0,07 € zu berücksichtigen ist.

2. Wie viel kostet 1,0 kg Heringssalat, wenn 5,0 kg Heringe zu 9,80 €/kg, 0,9 kg Gewürzgurken zu 1,38 €/kg, 1,2 kg Äpfel zu 1,45 €/kg, 1,2 kg Zwiebeln zu 0,95 €/kg und 2,0 kg Dressing zu insgesamt 1,65 € verarbeitet werden? Bei der Herstellung fallen pro Kilogramm geschnittener Einlage 1,50 € und beim Verkauf 43 % an Kosten an. An Gewinn sind 18 % und der reduzierte Mehrwertsteuersatz zu berücksichtigen.

3. Ein Matjessalat von 7,0 kg soll in 300-g- und 150-g-Schälchen abgefüllt werden. Für eine Bestellung werden 15 Stück mit 300 g benötigt. Der Rest kann in 150-g-Schälchen abgefüllt werden. Wie viele 150-g-Schälchen werden noch benötigt und wie viel bleibt als Rest übrig?

4. Sie sollen für eine Betriebsveranstaltung 50 Becher à 250 g Matjessalat zu einem Festpreis von 140,00 Euro liefern. Es ist bekannt, dass für diese Menge die Materialkosten bei 60,50 € liegen. An Herstellungsgemeinkosten werden normalerweise 1,50 € pro Kilogramm Material, an Vertriebsgemeinkosten 40 %, an Lieferkosten pauschal 8,00 € und die gesetzliche Mehrwertsteuer einkalkuliert. Ermitteln Sie den Gewinn in Euro und Prozent.

5. Wie hoch sind die Materialkosten für 10,0 kg Ochsenmaulsalat, wenn das Kilogramm im Laden für 13,20 € verkauft wird und in der Kalkulation die gesetzliche Mehrwertsteuer, 20 % Gewinn, 45 % an Verkaufsgemeinkosten und 25,00 € an Herstellungskosten (pauschal) berücksichtigt werden?

Orientieren

Informieren

Name: .... **Klasse:** .... **Datum:** ....

Die Auszubildenden der Fleischerei Baringer sollen Gerichte zum Motto „Unsere Mittagsrenner – für jeden Gaumen das richtige Angebot“ zusammenstellen, herstellen und auch den Verkaufspreis berechnen.

A Grundsätze für die Zusammenstellung von Gerichten

Definition: Als Gericht bezeichnet man ....

....

Bestandteile eines klassischen (Haupt-) Gerichts:

Ob die Zusammenstellung eines Gerichts gelungen ist, kann mit folgenden Fragen überprüft werden:

- Ist das Gericht auf die Kundenerwartungen und die gewählte Zielgruppe abgestimmt?

....

Bei der Kalkulation des Materialeinkaufs geht man von folgenden Portionsmengen aus:

	Portionsmenge (gegart)	Durchschnittliche Zubereitungsverluste
Braten, Kochfleisch, Portionsfleischstücke	....	Knochenanteil: ca. .... Parüren (Zuschnitt): ca. .... Brat- oder Garverlust: ca. ....
Gemüse, Kartoffeln	....	durch Putzen, Schälen, Garen insgesamt ca. ....
Blattsalate	....	durch Putzen ca. ....
Rohkost, andere Salate	....	durch Putzen, Schälen ca. ....
Reis, Nudeln	....	kein Verlust, da Wasseraufnahme, Rohware ca. ....

Allgemein gilt:

Rohware	–	Zubereitungsverlust	=	Portionsmenge
.... %	–	z. B. 20 %	=	.... %

Berechnen Sie die fehlenden Angaben, wenn der Zubereitungsverlust 20 % beträgt.

250 g – .... g = ... g gebratenes Rindersteak

.... g – .... g = 120 g gekochte Kartoffeln

B Kalte Gerichte mit Fleisch und anderen Rohstoffen

Präsentation:

- ....
- ....

....

Beispiele	Passende Beilage oder Dekoration
Pasteten, Rouladen, Galantinen	Blattsalat- oder Gemüsegarnitur, Weißbrot
Feinkostsülzen, Aspikspeisen	....
geräucherter Lachs, Forellenfilet	....
Braten-, Schinkenaufschnitt	....
gebratene Geflügelkleinteile	....
Mozzarella	....
Emmentaler, Gouda	....

Name: .... Klasse: .... Datum: ....

C Suppen und Eintöpfe

Suppen eignen sich

- ....
- ....

Portionsmenge: ....

a) Klare Suppen

Zutaten für die Herstellung	
Beispiele	
Einlagen	

b) Gebundene Suppen

Dazu gehören z. B.: ....

....

c) Eintöpfe

Eintöpfe werden angeboten:

- bei rustikalen Anlässen/Büfetts im Freien
- ....
- ....
- ....

Beispiele: ....

....

....

Portionsmenge: ....

Serviervorschlag (Büfett/Tellergericht): ....

....

....

....

D Warme Gerichte aus Fleisch

Fleischteile – am Stück ....

Beispiele: Tafelspitz, ...

Fleischteile – am Stück gebraten oder geschmort, ggf. mit Hack- oder Gemüsefüllung

Beispiele: ....

Gerichte aus Hackfleisch – gebraten, ...

Beispiele: ....

Portionsfleischstücke – ....

Beispiele: Steaks von Rind, ...

Portionsfleischstücke und Kleinfleisch – sautiert oder ....

Beispiele: ....

Weitere Hauptgerichte mit Fleisch

Beispiele: ....

....

....

....

E Soßen

In der Fleischerei sind folgende Soßen und deren Ableitungen üblich:

Warme Soßen

Grundsoßen	Ableitungen	Eignung
Weiße Grundsoße	....	Tellerfleisch in Meerrettichsoße
Bechamelsoße	....	....
....	....	....

Bratensoßen

Erläuterung: ....

....

....

Name: .... Klasse: .... Datum: ....

Selbstständige Soßen

Erläuterung: ....

....

....

Beispiele: ....

Kalte Soßen

Produkte	Geeignete kalte Soße
Pasteten, Wildgerichte	....
Gebackener Fisch	....
Grillgerichte	....
Asiatische Speisen	....
Salate	....

F Beilagen

a) Sättigungsbeilagen

Kartoffeln sind das Ausgangsmaterial für eine Vielzahl unterschiedlicher Beilagen.

Beispiele: ....

....

....

Weitere aus Getreide/Getreideprodukten hergestellte Beilagen sind:

....

....

....

b) Gemüse-, Salat- und Pilzbeilagen

Ernährungsphysiologischer Wert: ....

Beispiele für Beilagen:

- roh verzehrbar (z. B. als Salat): Rotkraut, ...

  ....
- gedünstet/gekocht: ....
- gebraten: ....
- frittiert (ggf. im Teigmantel): ....

  ....

G Tipps und Regeln für die Präsentation und den Verkauf der Gerichte

Präsentation in der Imbisstheke und Anrichten auf dem Teller

- Grundsatz: „Das Auge isst mit!“
- Suppen, Eintöpfe, Hauptzutaten und Beilagen in der Imbisstheke in Edelstahleinsätzen (GN-Einsätzen) ansprechend und hygienisch einwandfrei präsentieren
- ……………………………………
- ……………………………………
- ……………………………………
- ……………………………………

Bereitstellung für den Außer-Haus-Verzehr

……………………………………

……………………………………

Empfehlung von Zusatzangeboten

Beispiele: ……………………………………

Gestaltung des Imbissbereichs sowie der Werbematerialien

- ……………………………………
- ……………………………………
- ……………………………………
  ……………………………………
- ……………………………………

Planen

1. Stellen Sie passende Gerichte für Ihren Mittagstisch zusammen. Auf der Karte sollen drei warme Hauptgerichte, zwei Suppen bzw. Eintöpfe und zwei kalte Gerichte stehen. Berücksichtigen Sie dabei, dass ein Teil der Kundschaft einfache bis gutbürgerliche Gerichte bevorzugt, der andere Teil leichte, fett- und eher fleischarme Küche.
2. Ermitteln Sie für eines dieser Gerichte den Materialbedarf für jeweils zehn Portionen. Berücksichtigen Sie dabei durchschnittlich anfallende Herstellungsverluste.
3. Erstellen Sie einen Arbeits- und Zeitplan zur Herstellung des jeweiligen Gerichts.
4. Kalkulieren Sie den Verkaufspreis einer Portion, wenn Sie mit einem Stundenkostensatz von 22,00 € für die veranschlagte Arbeitszeit rechnen und dann noch 35 % Verkaufsgemeinkosten, 15 % Gewinn und die gesetzliche Mehrwertsteuer aufschlagen.

Durchführen

1. Gestalten Sie die Tageskarte und andere Werbeträger (z. B. Plakat) ansprechend.
2. Stellen Sie das ausgewählte Gericht her und richten Sie dieses fachgerecht und dekorativ an.
3. Üben Sie dabei auch die Abgabe der Gerichte im Verkaufsgespräch.

Bewerten

1. Beurteilen Sie die hergestellten Speisen und den Arbeitsprozess.
2. Leiten Sie vom Ergebnis Ihrer Bewertung eventuelle Verbesserungsvorschläge ab.

Name: .... Klasse: .... Datum: ....

Das Ehepaar Baringer möchte den Bereich Partyservice stärker ausbauen und dafür geeignete Angebote erstellen. Dazu sollen anlassbezogen verschiedene Menü- und Büfettvorschläge entworfen und in einer Kundenberatungsmappe ansprechend dargestellt werden. Zudem sollen die Mitarbeiter Beratungsgespräche mit potenziellen Kunden üben.

Orientieren

Informieren

A Anlassbezogene Beratung des Kunden bei der Bestellannahme

Partyservice/Catering bedeutet: ....

....

....

Vorteile für den Kunden: ....

....

....

Das **Beratungsgespräch** zur Auftragsannahme beinhaltet im Wesentlichen folgende Schritte:

1. ....

2. ....

Private Anlässe	Geschäftliche Anlässe	Sonstige Anlässe
Beispiele:	Beispiele:	Beispiele:
....	....	....
....	....	....
....	....	....

3. Auftraggeber individuell beraten

- Informationen einholen: ....

  ....

- Passende Angebote für den genannten Anlass unterbreiten,

  z. B. mit einer ....

  Darin sind enthalten:

  ....

  ....

  ....

  ....

Wehnertstraße 22 • 83435 Bad Reichenhall
Telefon: 08651 45897 • T elefax: 08651 45899
www.baringer-wvd.de

PARTYSERVICE BARINGER

Vorschlag 1: kaltes Büfett

- **feine Variationen vom Räucherfisch** wie z. B.: würzig marinierte Riesengarnelen, frisch gebeizter Räucherlachs, geräuchertes Lachsforellenfilet mit Sahne-Meerrettich
- **zarte Hackfleischbällchen** aufgespießt und garniert mit Gurken und Minitomaten
- **knusprig gegrillte Chicken Wings** mit Kräuter- und Curry-Dips
- **würzige Schinkenspezialitäten,** roh, gekocht und luftgetrocknet, hauchdünn aufgeschnitten und reich mit Früchten garniert
- **gefüllte Schinkenröllchen** mit Spargelspitzen und Kräuterremoulade
- **Blattsalate der Saison** mit rosa gebratenen Entenbruststreifen an würzigem Balsamicodressing

Dazu reichen wir Butter, verschiedene Frischkäsesorten und eine erlesene Brostauswahl, z. B. französisches Baguette, Ciabatta, bunt gemischte Partybrötchen, Vollkornbrot.

pro Person 15,50 €

(Mindestbestellmenge: 10 Personen)

3) 4)

- Entschluss für ein Angebot herbeiführen. Oder:

  ....

  ....

4. Spezielle Wünsche und gewünschte Zusatz-Serviceleistungen erfragen

Räumliche Gegebenheiten: z. B. ……………………………………

Zusatzleistungen: z. B. ……………………………………

……………………………………

5. Vereinbarungen und wichtige Daten im Verlauf des Gesprächs auf einem Bestellformular dokumentieren

6. Bestellvorgang abschließen und Zahlungsbedingungen vereinbaren

- ……………………………………
- ……………………………………
- ……………………………………

……………………………………

7. Kunden verabschieden

Merke:
Um bei einem individuell zusammengestellten Angebot Fehlkalkulationen und Verluste zu vermeiden, empfiehlt sich die folgende Vorgehensweise:

- ……………………………………

……………………………………

- ……………………………………

B Grundsätze für die Zusammenstellung von Menüs oder Büfetts

a) Speisenfolge im Menü

Definition Menü: ……………………………………

……………………………………

Kreuzen Sie Kombinationsmöglichkeiten für ein Drei-, Vier- oder Fünfgangmenü an:

	Kalte Vorspeise	Suppe	Warme Vorspeise	Hauptgericht	Nachspeisen/ Dessert
drei Gänge					
drei Gänge					
vier Gänge					
vier Gänge					
fünf Gänge					

Name: .... Klasse: .... Datum: ....

Die einzelnen Gänge erfüllen folgende Aufgaben:

Gang	Aufgabe
Kalte/warme Vorspeise und Suppe	◗ .... ◗ ....
Hauptgang mit Beilagen	....
Nachspeise/Dessert	....

Zu den Nachspeisen gehören:

- Käse- und Quarkspeisen: z. B. ....
- Warme Süßspeisen: z. B. ....
- Kalte Süßspeisen: z. B. ....
- Obst: z. B. ....
- Eisspeisen: z. B. ....
- Gebäck und Torten: z. B. ....

b) Regeln zur Auswahl der Speisen

- ....
  ....
  z. B. festliches Menü zum 70. Geburtstag, rustikales Menü zum Richtfest
- Speisen auf den Gästekreis sowie deren Vorlieben und Wünsche abstimmen
  - hoher Frauen- oder Seniorenanteil: ....
    ....
  - hoher Männeranteil: ....
  - Gäste anderer Religionen/Nationalität: ....
- Qualitativ hochwertige Produkte und Zutaten aus regionalen Quellen einsetzen
  Begründung: ....
  ....
  ....
- ....
  z. B. von Zutaten, Garverfahren/Zubereitungsarten, Farben
- Leichte und schwere (gehaltvolle) Speisen abwechseln
  Begründung: ....
  ....
- ....

c) Zusammenstellung eines Büfetts

Bei einem Büfett werden ....

....

Die Festlegung eines Büfetts erfolgt nach folgenden Kriterien:

- Form: z. B. ....
- Art: z. B. ....
- Thema: z. B. ....
- Lebensmittel- oder Speisenart: z. B. ....

Für ein kalt-warmes Büfett empfiehlt sich folgende Zusammensetzung:

- Vorspeisen: ....
- Hauptgerichte: ....
  ....
- Salate: ....
- Nachspeise: ....

Bei der Auswahl der Speisen sollte man Folgendes beachten:

....

....

....

....

....

C Auswahl der passenden Getränke

Bei besonders feinen und festlichen Menüs werden neben .... folgende Getränke angeboten:

Empfang der Gäste und Vorspeise	anregendes Getränk (sog. Aperitif), z. B. ....
....	....
....	zu Fisch und hellem Fleisch, z. B. Geflügel, Kalb: .... zu dunklem Fleisch, z. B. Rind, Lamm, Wild: .... zu Bratengerichten: .... zu gekochten oder gedünsteten Speisen: ....
....	....
....	....
....	Heißgetränk, z. B. .... Getränk zur Verdauungsförderung (sog. Digestif), z. B. ....

Name: ……………… Klasse: ……………… Datum: ………………

D Kleine Getränkekunde

Alkoholfreie Getränke

Kalte alkoholische Getränke werden im Partyservice wie folgt angeboten:

………………………………………………………………

a) Wasser

Sorten	Herkunft/Zusammensetzung	Qualität
……………… ………………	◗ Grundwasser aus ……………… ……………… ……………… ◗ reich an ……………… ……………… ◗ Zusatz von Kohlensäure ist ………………	◗ amtliche Anerkennung notwendig ◗ Zusammensetzung steht auf dem Etikett und wird regelmäßig geprüft
………………	◗ stammt aus natürlichen Quellen und ……………… ………………	mind. Trinkwasserqualität
………………	◗ wird nicht aus Quellen gewonnen ◗ Mischung aus ……………… ……………… ……………… ………………	mind. Trinkwasserqualität

b) Säfte und Nektare

	Fruchtsaft	Fruchtnektar
Fruchtgehalt in %	100 %	25–50 % (abhängig von der Fruchtart)
weitere Zutaten	–	………………
Beispiel	………………	………………

c) Erfrischungsgetränke

- **Brausen**, z. B. Zitronenbrause
- **Fruchtsaftgetränk**, z. B. ………………
- **Limonaden**, z. B. ………………

………………………………………………………………

Alkoholische Getränke

a) Bier

Rohstoffe nach dem Deutschen Reinheitsgebot von 1516: ....

Man unterscheidet:

Biergattung	Alkoholgehalt in %	Biersorten/Beispiele	
		untergärig	obergärig
Schankbiere	ca. 2,5–4,6 %	Leicht(Light)-Bier-Sorten, Diätbier	Berliner Weiße, Leicht-Bier-Sorten
Vollbiere	ca. .... %	....	....
Starkbier	über ...... %	....	....

Alkoholfreies Bier = ...

Trinktemperatur: ....

Ausschank in Gläsern:

....

....

....

b) Wein

Einteilung deutscher Weine nach:

1. Weinkategorie

....

2. Güteklasse
Jede Flasche Wein auf dem Markt muss die jeweils in der Güteklasse festgelegten Anforderungen erfüllen. Dazu zählen:

....

Name: .... **Klasse:** .... **Datum:** ....

Man unterscheidet folgende Qualitätsstufen:

- Deutscher Wein ohne Herkunftsbezeichnung
- Deutscher Landwein (= Wein mit einer geschützten geografischen Angabe) = ...

....

....

- Qualitätswein/Prädikatswein (= Wein mit geschützter Ursprungsbezeichnung)

  Alkoholgehalt: ....

  13 Anbaugebiete, z. B.: ....

  Die Zuerkennung einer amtlichen Prüfnummer bestätigt:

....

....

....

....

Erforderlich:

....

....

....

....

....

....

....

....

Wahlweise:

....

....

....

....

....

....

- Prädikatswein
  Sie erfüllen die höchsten Anforderungen bei der Qualitätsprüfung.
  Es gibt folgende Prädikatsstufen:

.... → Alkoholgehalt mind. ....

.... → Alkoholgehalt mind. ....

3. Geschmacksrichtung

Trocken bedeutet:

....

....

Restzuckergehalt

unter 9 g/l	9–18 g/l	19–45 g/l	mind. 45 g/l
....	....	....	....

c) Likörwein

Alkoholgehalt: 15 % bis max. 22 % Vol.

Bekannte Likörweine b. A. in der EU sind u. a.: ....

d) Schaumwein/Sekt/Sekt b. A.

Merkmale für Sekt b. A.:

....

....

Merkmale für Champagner:

....

....

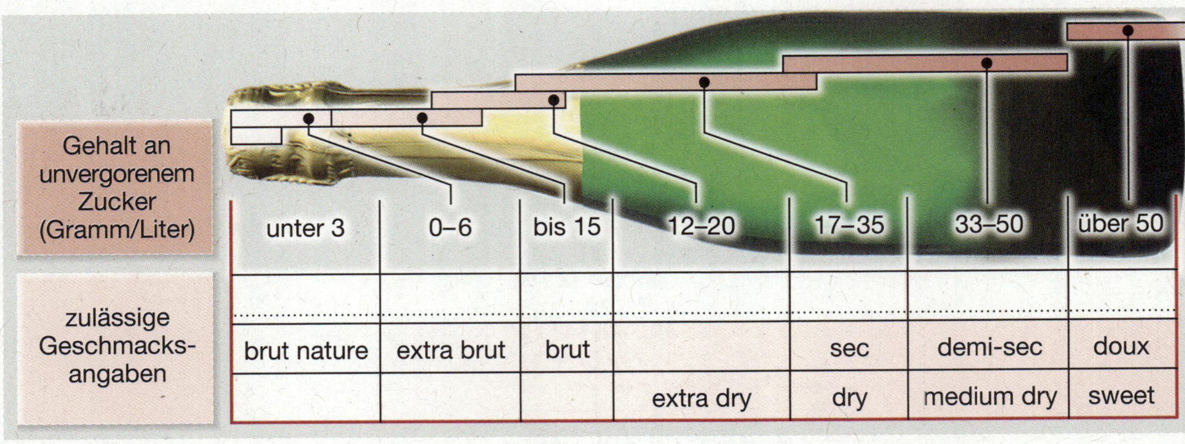

Heißgetränke/Aufgussgetränke

Herstellung erfolgt durch:

- Überbrühen ....
- Aufguss ....

Dazu gehören z. B.:

Tee

Beispiele: ....

Teeähnliche Getränke

Beispiele: ....

....

Kaffee

Beispiele: ....

Kakao/Heiße Schokolade

Heiße Zitrone

Alkoholische Heißgetränke

Beispiele: ....

Name: Klasse: Datum:

Planen

1. Stellen Sie jeweils einen Menü- und Büfettvorschlag für je einen Anlass Ihrer Wahl zusammen. Berücksichtigen Sie dabei passende Getränke und Zusatzdienstleistungen.

Anlass: ……………………

Menüvorschlag: ……………………

Anzahl der Gänge: ……………………

	Kalte Vorspeise	Suppe	Warme Vorspeise	Hauptgericht	Nachspeisen/ Dessert
Speisen					

Anlass: ……………………

Büfettvorschlag: ……………………

Form/Art/Thema des Büfetts: ……………………

Speisenangebot: ……………………

2. Planen Sie ein Beratungsgespräch, in dem Sie einem potenziellen Kunden Ihr Angebot unterbreiten.

Phase des Verkaufsgesprächs	Person	Gesprächsverlauf: → Formulierungen/Fragen des Verkäufers → Mögliche Antworten/Reaktion des Kunden

Durchführen

1. Gestalten Sie zu Aufgabe1 einen Beitrag für die Kundenberatungsmappe.
2. Führen Sie das Beratungsgespräch aus Aufgabe 2 durch. Dokumentieren Sie Ihre Vereinbarungen im Bestellformular (→ Anhang Seite 197)

Bewerten

1. Bewerten Sie gegenseitig die erstellten Vorschläge und das Beratungsgespräch.
2. Leiten Sie daraus eventuelle Verbesserungsvorschläge ab.

Wiederholen

1. Finden Sie die jeweiligen Begriffe. Die markierten Stellen ergeben von unten nach oben gelesen das Lösungswort.

Gang in einem Menü

Darin sind die Menü- und Büfettangebote eines Fleischerfachgeschäftes anschaulich dargestellt

Italienische Nachspeise

Preisnachlass

Verdauungsförderndes Getränk

Getränk, das zu Gerichten aus dunklem Fleisch passt

Es hilft, die im Beratungsgespräch mit dem Kunden getroffenen Vereinbarungen festzuhalten

Beliebtes Heißgetränk aus Italien

Lösungswort: ....

2. Ihr Ausbildungsbetrieb bietet seinen Kunden unter anderem folgende Büfettvorschläge an:

Italienisches Pasta-Büfett	12,50 €/Person
Italienisches Büfett	19,80 €/Person
Asiatisches Büfett	22,80 €/Person
Bayerisches Büfett, Variante 1	16,50 €/Person
Bayerisches Büfett, Variante 2	25,80 €/Person
Vegetarisches Büfett	18,50 €/Person

Bei der Preiskalkulation werden folgende Konditionen zugrunde gelegt:

Anlieferung und Abholung:
je Fahrt (Hin- und Rückfahrt)
bis 10 Kilometer: 15,- €
bis 20 Kilometer: 20,- €
bis 30 Kilometer: 30,- €

Personalleistungen:
Koch/Fleischer: 28,50 €/Stunde
Servicemitarbeiter: 23,50 €/Stunde
Küchenhilfe: 22,50 €/Stunde

Kinderermäßigung:
Bis 6 Jahre: kostenlos
Bis 12 Jahre: 40 % des Preises pro Person

Bei Zahlung innerhalb von 10 Tagen:
3 % Skontoabzug möglich

Situation:
Für ihren Polterabend wählen Heike Meller und Michael Klarmann aus Ihrer Beratungsmappe den Vorschlag „Italienisches Büfett“ aus. Es werden 38 Erwachsene, drei Kinder unter sechs Jahren und fünf Kinder im Alter zwischen acht und zwölf Jahren erwartet. Der Veranstaltungsort liegt 25 km von Ihrem Geschäft entfernt. Das Paar benötigt außerdem noch einen Servicemitarbeiter für die Dauer von 3,5 Stunden und eine Küchenhilfe für die Dauer von zwei Stunden.

Name: Klasse: Datum:

a) Ermitteln Sie den Rechnungsbetrag, wenn Ihr Ausbildungsbetrieb auf den Büfettpreis zusätzlich noch 5 % Rabatt gewährt.
b) Berechnen Sie den Barzahlungsbetrag, wenn das Paar innerhalb von 10 Tagen die Rechnung begleicht.

c) Heike Meller und Michael Klarmann schwanken im Beratungsgespräch noch hinsichtlich Ihrer Entscheidung für das „Italienische Büfett". Sie ziehen das „Bayerische Büfett (Variante 2)" als mögliche Alternative in Erwägung. Ermitteln Sie den Bruttorechnungsbetrag und den Barzahlungspreis für das „Bayerische Büfett". Geben Sie an, wie viel Euro das Paar mehr ausgeben müsste.

Orientieren

Informieren

> Frau Baringer beauftragt die Belegschaft, ein Büfett herzustellen, es anlassgemäß zu präsentieren und die Kosten pro Person zu ermitteln.

A Schritte bei Planung, Herstellung und Transport eines Büfetts

Auswahl der Rezepte

Es empfiehlt sich:

....

....

....

Ermittlung des Materialbedarfs

Die Kalkulation der Materialmengen ist einer der wichtigsten Schritte.

Begründung: ....

....

In Abhängigkeit von der Dauer der Veranstaltung und des anwesenden Personenkreises werden folgende Richtwerte zur Kalkulation der Materialmengen empfohlen:

a) Kaltes Büfett

Material	Menge
....	ca. .... pro Person
....	ca. 100–150 g pro Person
....	ca. 30–40 g pro Person

Faustregel zur Berechnung

Materialgesamtmenge: ....

Beispiel: zehn verschiedenen Speisen pro Büfett = ...

b) Kalt-warmes Büfett

Speisenfolge	Gesamtmenge pro Person (Fertiggewicht)	Speisenfolge	Gesamtmenge pro Person (Fertiggewicht)
kalte Vorspeisen	▶	Salatbeilage	▶ ....
Suppe	▶	Dressing	▶ ....
warme Hauptgerichte	▶	Käse	▶ ....
Soßen	▶	süße Nachspeise	▶ ....
Feinkostsalate	▶	Brot/Backwaren	▶ ....
Sättigungs- und Gemüsebeilage	▶	Butter	▶ ....

Name: .... **Klasse:** .... **Datum:** ....

Berechnung der Herstellmengen

Berechnungsbeispiel:
Für ein kalt-warmes Büfett werden 30 Personen (20 Männer, 10 Frauen) erwartet. Es werden folgende Speisen bestellt (jeweilige Höchstmenge berücksichtigen):

Speisen	Gesamtmenge pro Person	Herstellmenge pro Person und Speise	Herstellmenge für 30 Personen pro Speise
drei kalte Vorspeisen	100 g	100 g : 3 Speisen = 33,33 g	33,33 g · 30 Pers. = 999,99 g = 1,0 kg
eine Suppe	....	....	....
zwei warme Hauptgerichte	....	....	....
zwei Soßen	....	....	....
zwei Sättigungsbeilagen, eine Gemüsebeilage	....	....	....
eine Käseplatte (vier Sorten)	....	....	....
zwei süße Nachspeisen	....	....	....

Umrechnung des Grundrezepts
Beispiel: Die Grundrezepte für die gewählten Vorspeisen ergeben folgende Mengen:
Vorspeise 1 = 500 g; Vorspeise 2 = 800 g, Vorspeise 3 = 1,5 kg.

Faustformel

.... = Umrechnungszahl für das Grundrezept

- Vorspeise 1: 1,0 kg : 0,500 kg = 2

  Das bedeutet: ....

  ....

- Vorspeise 2: ....
- Vorspeise 3: ....

Bei der Berechnung der Einkaufsmengen sind ggf. noch die Zubereitungs- und Herstellungsverluste zu berücksichtigen (➜ Schülerbuch Seite 350).

Mengenangabe für Getränke
Bei längerer Dauer der Veranstaltung sollte man pro Person mit folgenden Mengen rechnen:

- ....
- ....

Getränke werden i. d. R. „auf Kommission“ verkauft. Das bedeutet:

....

....

Erstellen einer Einkaufsliste

Nr.	Artikel Bestellnummer	Bezugsquelle Liefertag	Vorspeise 1 **Räucherfisch-variation**	Vorspeise 2 **Mozarella mit Tomaten**	Vorspeise 3 **Roastbeef**
Fleisch und Fleischwaren					
	Rinderlende	eigene Produktion			4,200 kg
Fisch/Meeresfrüchte					
	Forellenfilet, geräuchert, Nr. 5835	Seefix GmbH Montag	2,000 kg		
	Räucherlachs in Scheiben, Nr. 5837	Seefix GmbH Montag	2,000 kg		
	Riesengarnelen Nr. 5855	Seefix GmbH Montag	2,500 kg		

Zweck: Einkaufslisten dienen als ....

....

Dabei sind folgende Faktoren zu berücksichtigen:

- ....
- ....
- ....

Planung des Arbeitsablaufs und des Zeitbedarfs

Zweck: ....

....

Der **zeitliche Ablaufplan** legt unter anderem fest:

- ....
- ....
- ....
- ....
- ....

....

Herstellung des Büfetts

a) Tätigkeiten, die vor dem Veranstaltungstag erledigt werden können:

- ....
- ....
- ....
- ....

....

Name: .... Klasse: .... Datum: ....

b) Tätigkeiten, die am Veranstaltungstag durchgeführt werden müssen:

- ....
- ....
- ....
- ....

Transport von Speisen
Anforderungen an Transportbehältnisse:

- ....
- ....
  ....
- ....
- ....

B Planungsschritte und Tätigkeiten im Service

Planung des Serviceablaufs
Ein Arbeitsplan sollte folgende Informationen enthalten:

- ....
- ....
- ....
- ....
- ....
- ....

Vorbereiten der Tischanordnung
Die Anordnung des Büfetttischs und der Gästetische ist von folgenden Faktoren abhängig:

- ....
- ....
- ....

Allgemein ist zu beachten:	Begründung (aus Sicht des Gasts/Servicepersonals)
Büfetttafel darf nicht zu breit/tief sein.	....
Der Abstand zwischen den Tischen muss ausreichend groß sein.	....

Aufbaumöglichkeiten:

	Standort des Büfetttischs im Raum/Tischform	Standort der Gästetische/bevorzugte Tafelform(en)	Anmerkungen (Vorteile/Nachteile)
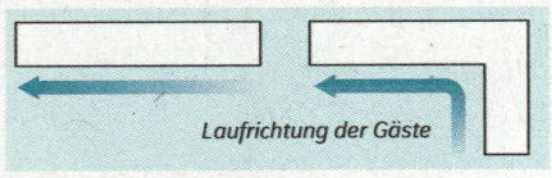 einseitig begehbar	an der Wand als lange Tafel oder in L-Form,	in der Raummitte, alle Tafelformen möglich	
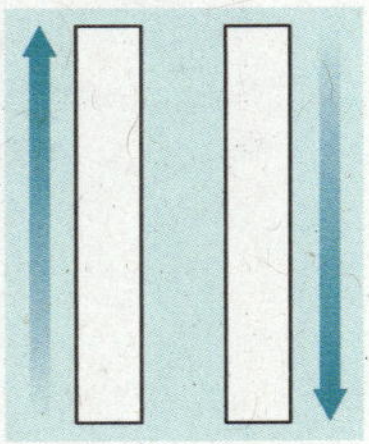			
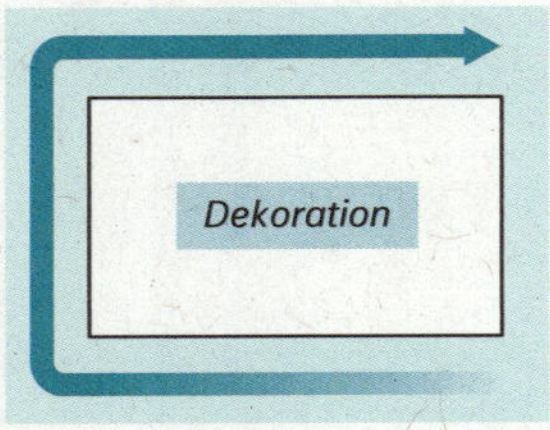			
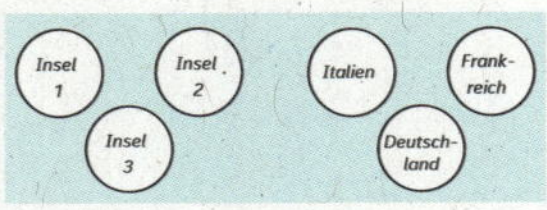			

Arbeitsschritte beim Eindecken der Gästetische

- Tische mit Moltons bedecken

Name: .... Klasse: .... Datum: ....

Für ein besonders festliches Büfett oder Menü gilt folgende Anordnung:

Arbeitsschritte bei der Vorbereitung und Dekoration des Büfetttischs

- Tisch mit Moltons bedecken

....

....

....

....

....

....

....

....

Speisenanordnung auf dem Büfetttisch

- Speisenanordnung: ....
- Laufrichtung: ....
- Soßen und Salate: ....

  ....
- Teller: ....
- Brotauswahl, Reservebestecke und -servietten: ....
- Tiefe Teller oder Tassen für die Suppe: ....
- Geschirr für den Nachtisch: ....
- Vorlegebestecke: ....

Zum Warmhalten der Speisen eignen sich:

....

....

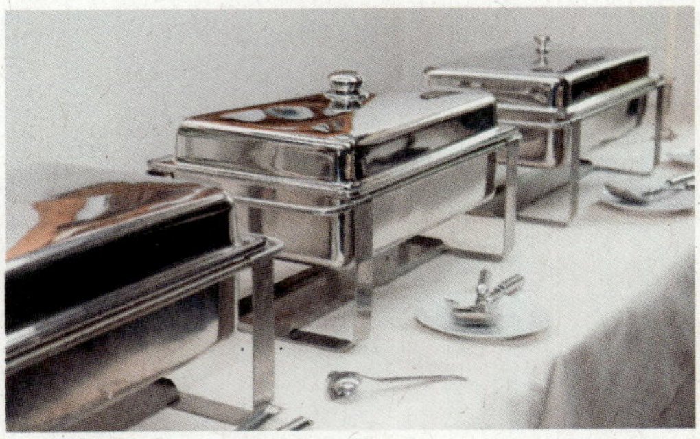

Getränke zur Selbstbedienung:

....

....

....

Gestaltung von Menü-/Büfettkarten und Informationsschildern

Menü-/Büfettkarten

- ....
- ....
- ....
- ....

Informationsschilder

- ....
- ....

Tätigkeiten des Servicepersonals

am Büfett:

- ....
- ....
- ....
- ....

am Gast:

- ....
- ....
- ....

....

....

C Bewertung der Speisen und des Arbeitsprozesses

Die Bewertung kann mithilfe eines Beurteilungsbogens (➜ Anhang, Seite 201) erfolgen. Dieser erfüllt folgenden Zweck:

- ....

....

- ....

Name: Klasse: Datum:

Planen

1. Erstellen Sie einen Büfettvorschlag. Wählen Sie dazu geeignete Rezepte aus und berechnen Sie den Materialbedarf.
2. Planen Sie den zeitlichen Arbeitsablauf für die Herstellung der Speisen und ggf. den Service. Verwenden Sie dazu die Vorlage im Anhang (➜ Seite 199).

Wann?/ Zeitbedarf	Was?	Wer?	Benötigte Arbeitsgeräte	Transport/ Präsentation	Weiterbehandlung	Geschirr, Besteck	Hinweise

3. Erstellen Sie eine Einkaufsliste und einen Einkaufsplan.

Nr.	Artikel, Bestellnummer	Bezugsquelle, Liefertag	Speise 1	Speise 2	Speise 3

Durchführen

1. Kalkulieren Sie den voraussichtlichen Büfettpreis pro Person.
2. Gestalten Sie eine Büfettkarte und Informationsschilder.
3. Stellen Sie die Speisen nach dem Arbeitsplan her und richten Sie das Büfett an.

Bewerten

Bewerten Sie die produzierten Speisen und den Arbeitsprozess.

2 EIN BÜFETT PLANEN UND AUSRICHTEN

Wiederholen

1. Lesen Sie die folgenden Worte jeweils von rechts nach links und ordnen Sie diese unten entsprechend zu.

ETSILSFUAKNIE – NEHCTEUT – NEREIRAP – SEHSID-GNIFAHC – ETRAKUENEM – NEGOBSGNULIETRUEB – RELLETZTALP – ETTEIVRES – FRADEBLAIRETAM – RUTINRAG

Das Lösungswort erhalten Sie, indem Sie die markierten Stellen von oben nach unten lesen.

Bei dieser Tätigkeit wird Fleisch von Sehnen und Fett befreit

■☐☐☐☐☐☐☐

Dekoration auf Platten, Tellern usw.

☐☐■☐☐☐☐☐

Hilfsmittel, um den Mund während und nach dem Essen „äußerlich“ zu reinigen

☐■☐☐■☐☐☐☐

Gerät, um Speisen am Büfett warm zu halten

☐☐☐☐☐☐☐☐☐☐■☐☐☐

Sie informiert die Gäste über die Speisenfolge

☐☐☐☐☐■☐☐☐☐

Er gibt an, welche Mengen jeweils bereitgestellt werden müssen

☐☐☐☐☐☐■■☐☐☐☐☐☐

Sie wird benötigt, um bei den Lieferanten die benötigten Waren zu bestellen

☐☐☐■☐■☐☐☐☐☐☐☐

Dieser Gegenstand wird bei besonders festlichen Menüs eingedeckt

☐■■☐☐☐☐☐☐☐☐

Eine Technik beim Plattenlegen

■☐☐☐☐☐☐☐

Ein Instrument, um die Qualität der Speisen und des Arbeitsprozesses zu bewerten

☐☐☐☐☐☐■☐☐☐☐☐☐■☐☐■

Lösungswort: ....

Sie stellt sicher, dass das vorgegebene Budget eingehalten werden kann.

2. Analysieren Sie folgenden Fall und leiten Sie mögliche Ursachen bzw. Verbesserungsvorschläge ab:

Situation	Mögliche Ursachen	Abhilfe/Verbesserungsvorschlag
Beim Auftragen des Büfetts stellen Sie fest, dass der Platz zu klein ist, um alle Speisen ansprechend zu präsentieren.	....	....

Name: .... Klasse: .... Datum: ....

Svenja Kallenbach soll ihrer Chefin bei der Erstellung eines Marketingkonzepts für ihre Fleischerei helfen.

Orientieren

Informieren

Definition: Marketing = ...

....

Zentrale Aufgaben eines Marketingkonzepts:

- ....
- ....
- ....

A Die Marktanalyse

Die Marktanalyse gibt Auskunft über das wirtschaftliche Umfeld der Verkaufsstelle.
Es stellen sich also im Wesentlichen zwei Fragen:

- ....
- ....

a) Analyse des erreichbaren Kundenspektrums

Umfeld	Erwartetes Kaufverhalten	Bedeutung für das Marketing
Wohngebiet	Einkauf mit Einkaufsliste	....
Bekleidungsgeschäfte in der Nähe	Spontankauf	....
Nähe eines Gewerbegebiets	....	....
Wohngebiet mit einem hohen Anteil an Arbeitslosen	....	....
....	....	....
....	....	....

b) Gesellschaftliche Veränderungen berücksichtigen (→ siehe Schülerbuch Seite 403)

Haushalte in der Bundesrepublik Deutschland, laut Statistischem Bundesamt vom 28.05.2014.

Singlehaushalte
in %

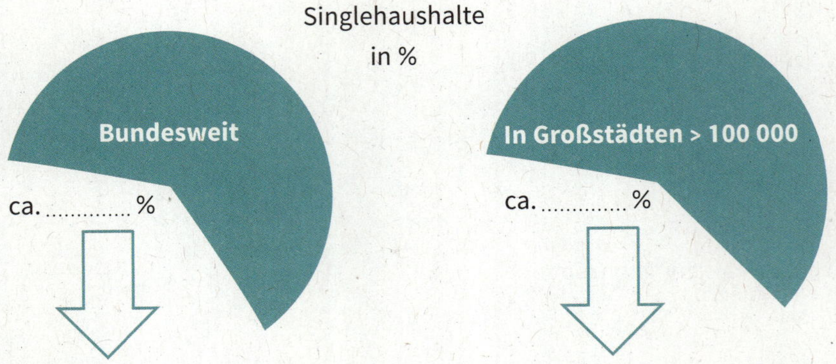

Das sind ca.
....
Menschen

17 % = jünger als .... Jahre

..........% = zwischen 30 und 64 Jahren

ca. 33 % = älter als .... Jahre

Anzahl der Personen pro Haushalt in %

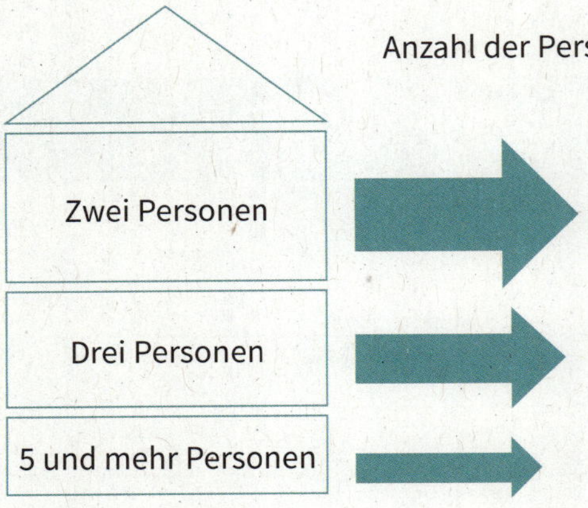

Zweipersonenhaushalt = ...%

Dreipersonenhaushalt = ...%

Fünf- und mehr Personen = ...%

Ordnen Sie die Sortimentsangebote (→ siehe Schülerbuch Seite 404) den Haushalten zu.

Singlehaushalte

jünger als 30 Jahre ....

....

über 64 Jahre ....

....

Kleinfamilien (2–3 Personen) ....

....

Familien (4 und mehr Personen) ....

....

Name: Klasse: Datum:

c) Analyse der möglichen Konkurrenten

Konkurrenten	Konkurrenzsituation	Bedeutung für das Marketing
Fleischereien	Gesamtes Sortiment	Besonderheiten des eigenen Betriebs in den Vordergrund stellen. Außergewöhnliche Produkte anbieten.
Fastfood-Kette	Mittagstisch	
Feinkostgeschäfte		

B Marketinginstrumente

Tragen Sie folgende Beispiele unten in die jeweils richtige Zeile ein.

günstige Preise/Verkauf auf Jahrmärkten/Sonderangebote/Radiowerbung/hohe Qualitätsstandards/ausschließlich Frischfleischverkauf/Einrichtung neuer Filialen/Tag der offenen Tür/viele verschiedene Fleischwaren

Finden Sie anschließend für jedes Marketinginstrument noch ein weiteres Beispiel.

Marketinginstrument	Beispiel
Sortimentspolitik	
Produktpolitik	
Preispolitik	
Distributionspolitik	
Kommunikationspolitik	

Bewährte Marketingmaßnahmen in der Fleischerei

Aktionen

Ziel:

Tag der offenen Tür

Ziel:

Sponsoring =

Ziel:

Kundenumfragen

Ziel:

C Der Aktionenplan

Nennen sie geeignete Aktionsthemen für eine Fleischereifiliale, die in der Nähe Ihrer Schule angesiedelt ist.

	Beispiele	Geeignetes Sortiment
Feste Termine	Ereignisse in Ihrer Region, z. B. Oktoberfest …	
Außergewöhnliche Ereignisse	Abschluss des 3. Lehrjahrs, Besuch einer Schüleraustauschgruppe	
Jahreszeiten		

Der Aktionenplan sollte auf alle Fälle folgende Punkte enthalten:

Name: **Klasse:** **Datum:**

Erstellen Sie für eine Fleischereifiliale, die in der Nähe Ihrer Berufsschule angesiedelt ist, eine Marktanalyse.

Planen

Erstellen Sie auf Grundlage dieser Marktanalyse ein Marketingkonzept, das alle Marketinginstrumente umfasst, und legen Sei einen Aktionenplan an.

Durchführen

Stellen Sie Ihr Marketingkonzept einer anderen Klasse mit entsprechendem Vorwissen (Einzelhändler usw.) vor und lassen Sie sich Verbesserungsvorschläge geben.

Bewerten

Ermitteln Sie die ungefähre Einwohnerzahl Ihres Ausbildungsortes bzw. Ihres Stadtteils und berechnen Sie die Zahl der dort befindlichen Singlehaushalte nach Altersgruppen. Verwenden Sie die Prozentangaben des Statistischen Bundesamtes (➜ siehe Schülerbuch Seite 404).

Lösen Sie folgendes Rätsel.

Wiederholen

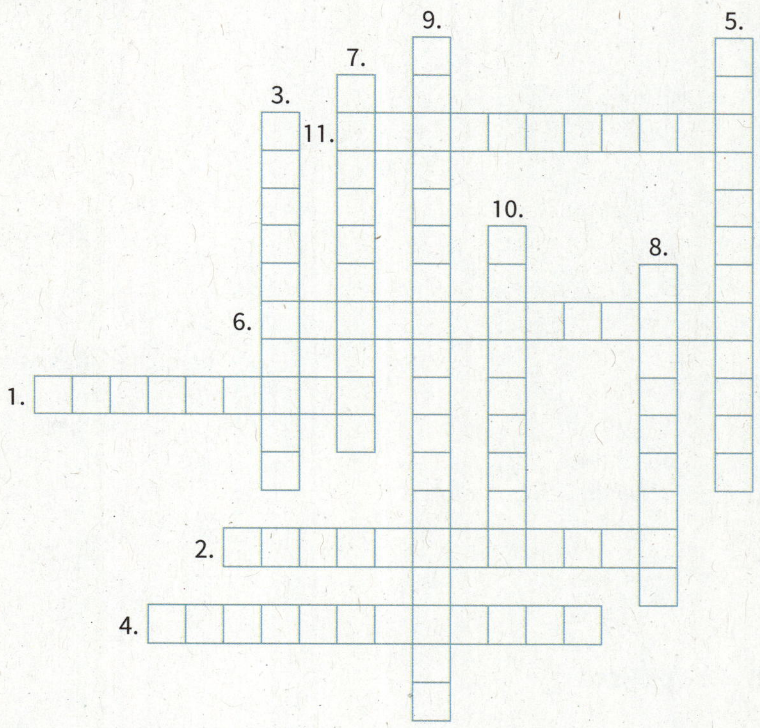

1. Sie/er kommt zufällig am Geschäft vorbei
2. Liste der vorgesehenen Aktionen
3. Sie/er kauft immer in demselben Geschäft ein
4. Sie gibt Auskunft über das wirtschaftliche Umfeld
5. Mitbewerber auf dem Markt
6. Möglichkeit, die Wünsche der Kunden zu erfahren
7. Sehr günstiger Anbieter von Lebensmitteln
8. Alle Maßnahmen, die Absatz und Gewinn eines Betriebs steigern
9. Maßstab für die Produktqualität
10. Um diese zu gewinnen, betreibt man Marketing
11. Sponsoring ist hierfür gut geeignet

Orientieren

Bei einer Mitarbeiterrunde spricht Herr Baringer den Hinweis seiner Frau an: „Wir müssen uns etwas einfallen lassen, damit unser Kundenstamm künftig nicht kleiner wird.“ Dann bittet er seine Verkäufer, die Köpfe zusammenzustecken, Ideen zu sammeln und Aktionen zu planen, um neue und junge Kunden für das Fachgeschäft zu gewinnen.

Informieren

A Vorüberlegungen

Tragen Sie jeweils passende Fragestellungen/Vorüberlegungen ein:

Zielvorstellung/Zielgruppe

....

....

Einladung an Gäste

....

....

....

....

Terminwahl

....

....

....

....

Was muss ich beachten?
Kann ich die Aktion einfach durchführen?

Versicherungsrisiko

....

....

....

B Checkliste

Hilfestellung bei der Umsetzung einer Werbeaktion geben die drei „W“?

- W ....
- W ....
- W ....

12 Wochen → 8 Wochen → 4 Wochen → 2 Wochen → 1 Woche → 1 Tag davor

Name: .... **Klasse:** .... **Datum:** ....

Erstellen Sie eine allgemeine Checkliste für die Durchführung einer beliebigen Aktion.

Zeitschiene	Was ist zu tun?	Wer macht es?
12 Wochen vorher Datum:	Termin festlegen/Programm planen/	....
8 Wochen vorher Datum:	....	....
4 Wochen vorher Datum:	....	....
2 Wochen vorher Datum:	....	....
1 Woche vorher Datum:	....	....
1 Tag vorher Datum:	....	....
Aktionstag Datum:	....	....
Ein Tag danach	....	....

C Grundregeln

Bei der Durchführung von Werbeaktionen sind besondere Aspekte der Hygiene und des Unfallschutzes strikt zu beachten.

Aktionen im Betrieb		Außer-Haus-Aktionen	
Tag der offenen Ladentür	Produkt-demonstration für eine Besucher-gruppe	Auftritt auf einer Messe	Verkaufsaktion, Jahrmarkt

Aktionen im Betrieb:

- Boden ist oft glatt und rutschig; langsam gehen
- ....
- ....
- ....
  ....
- ....
  ....

Außer-Haus-Aktionen:

- Spezielle Schutzmaßnahmen gegen Umwelteinflüsse
- ....
  ....
- ....
- ....

D Kosten-Nutzen-Kalkulation

Kosten:

- Genehmigung
- ....
- ....
- ....
- ....
- ....
- ....
- ....

Nutzen:

Kurzfristig

- Einnahmen
- ....
  ....
- ....
  ....

Mittelfristig/ Langfristig

- Werbung
- ....
  ....
- ....
  ....
- Renommee

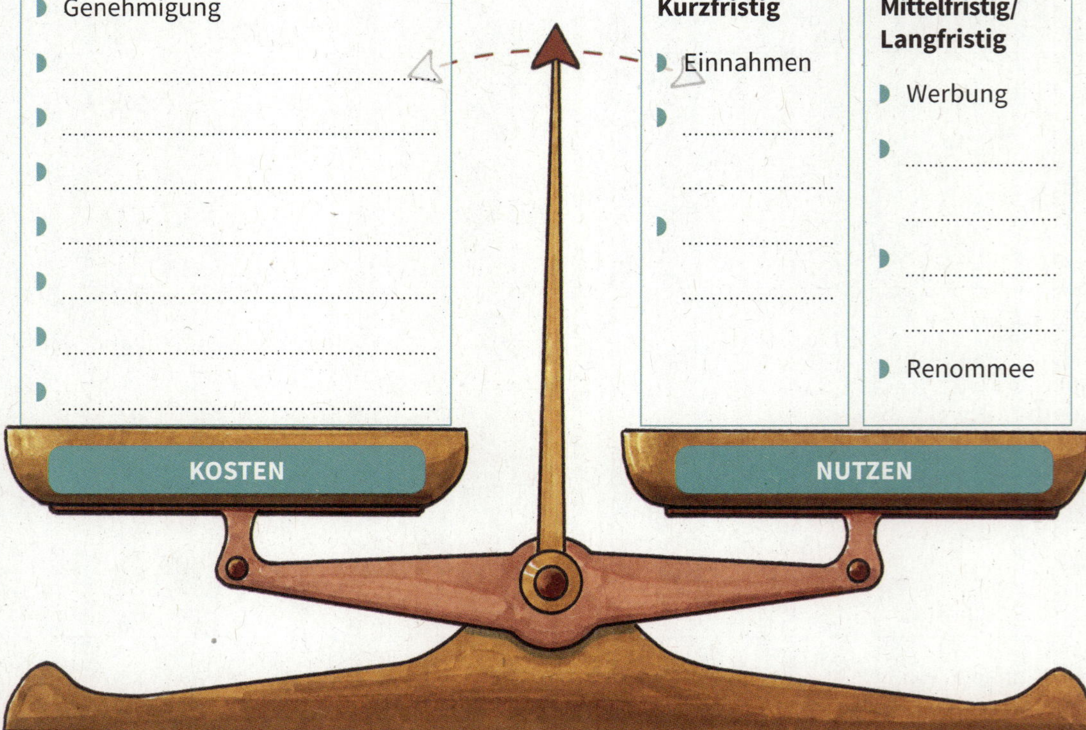

Name: .... **Klasse:** .... **Datum:** ....

Planen

Überlegen Sie, welche Werbeaktionen sich für Ihren Ausbildungsbetrieb eignen.

Durchführen

1. Erstellen Sie anhand der allgemeinen Checkliste einen detaillierten Ablaufplan für die Durchführung einer Werbeaktion in Ihrem Betrieb.
2. Erläutern Sie diesen Ihren Mitschülern in einem kurzen Referat.

Bewerten

1. Bewerten Sie die Referate Ihrer Mitschülerinnen und Mitschüler.
2. Begründen Sie genau, was Ihnen dabei gefallen bzw. weniger gefallen hat.

Wiederholen

Finden Sie die jeweiligen Begriffe. Die markierten Stellen ergeben von oben nach unten gelesen das Lösungswort. Dieses gibt das Ziel einer jeden Werbeaktion an.

1. Wichtiges Hilfsmittel für die Planung einer Aktion
2. Personen, die im Mittelpunkt der Vorüberlegungen zu einer Aktion stehen
3. Wichtiger Punkt der Vorüberlegungen
4. Tragepflicht für Mitarbeiter und Besucher
5. Oberstes Gebot in Fleischereien
6. Möglichkeit, um die Kosten einer Aktion zu reduzieren
7. Voraussetzung für eine erfolgreiche Aktion
8. Sollte von jedem Mitarbeiter zur persönlichen Identifikation getragen werden
9. Sollte jeder Besucher am Ende der Aktion erhalten
10. Sollte einen Tag vor der Aktion durchgeführt werden
11. Eine Aktion bringt neben Kosten auch
12. Ermittlung von Kosten und Nutzen
13. Mittelfristiger Nutzen einer Aktion

Lösungswort: ....

Bewertungsbogen:
Verbale und nonverbale Kommunikation in Verkaufsgesprächen

Verkäufer/in: .... Datum: ....

sprachliche (verbale) Gesichtspunkte

• **Sprachniveau und Sprechweise**	Sprechweise	☐ abgehackt	☐ teils/teils	☐ fließend
	Aussprache	☐ undeutlich	☐ teils/teils	☐ deutlich
	Fachbegriffe	☐ viele	☐ teils/teils	☐ wenige
	Wiederholungen	☐ viele	☐ teils/teils	☐ wenige
	Negativformulierungen	☐ viele	☐ teils/teils	☐ wenige
	Sätze	☐ lang (viele Nebensätze)	☐ teils/teils	☐ kurze Hauptsätze
	Sätze	☐ unvollständig	☐ teils/teils	☐ vollständig
	Sätze	☐ Passivsätze	☐ teils/teils	☐ Aktivsätze
	Wortwahl dem Kunden angepasst	☐ nein	☐ teils/teils	☐ ja
	aktives Zuhören	☐ nein	☐ teils/teils	☐ ja
• **Fragetechnik**	Anteil an offenen Fragen	☐ zu niedrig	☐ zu hoch	☐ angemessen

paraverbale Signale

• **Stimme und Sprechtempo**	Lautstärke	☐ zu leise	☐ zu laut	☐ angemessen
	Stimmhöhe, -lage	☐ zu tief	☐ zu hoch	☐ angemessen
	Stimmführung	☐ zu bewegt	☐ zu monoton	☐ angemessen
	Sprechtempo	☐ zu schnell	☐ zu langsam	☐ angemessen
	Pausen	☐ zu viele	☐ keine	☐ angemessen

körpersprachliche Signale

• **Körperhaltung**	Oberkörper/Schultern	☐ hängend	☐ teils/teils	☐ gerade, aufrecht
	Kopf	☐ gesenkt	☐ teils/teils	☐ aufrecht
• **Mimik**	Augenkontakt	☐ kaum	☐ teils/teils	☐ oft genug
	Blick	☐ gleichgültig	☐ teils/teils	☐ aufmerksam
	freundliches Lächeln	☐ selten	☐ teils/teils	☐ häufig
	Gesichtsausdruck	☐ gelangweilt	☐ teils/teils	☐ interessiert/aufmerksam
	Gesichtsausdruck	☐ abweisend	☐ teils/teils	☐ freundlich
• **Gestik**	Anteil	☐ wenig	☐ teils/teils	☐ oft genug
	Arme/Hände	☐ schließend	☐ teils/teils	☐ offen
	Ware	☐ nicht beachtend	☐ teils/teils	☐ hinzeigend

Gesamteindruck: ....

....

Verbesserungsmöglichkeiten/Tipps: ....

....

Bestellformular I

(Muster)

Bestellung und Lieferschein für Veranstaltungsservice

Name und Adresse des Kunden: ______________________

Anlass: ______________________

Lieferdatum: ______________________

Lieferadresse: ______________________

Beginn der Veranstaltung: ______________________

Personenzahl: ______________________

(Erwachsene, Kinder, Vegetarier): ______________________

Platten-/Menü-/Büfettangebot aus unserer Kundenmappe/ Anmerkungen/Preis ______________________

____

____

Individuell zusammengestelltes Menü/Büfett:

Kalte/warme Vorspeise(n):	______	Suppe:	______	Süßspeise(-n):	______
Salat:	______	Dessing:	______	Käse:	______
Hauptgericht 1:	______	Soße/Beilage(n):	______	Sonstiges:	______
Hauptgericht 2:	______	Soße/Beilage(n):	______		______
Hauptgericht 3:	______	Soße/Beilage(n):	______	Preis pro Person:	______

☐ Butter
☐ bunte Auswahl an Partybrötchen
☐ Ciabatta
☐ französisches Weißbrot
☐ Schwarzbrot
☐ Vollkornbrot
☐ Mischbrot
☐ ______
______

☐ Kaffee mit Kaffeesahne und Zucker 0,70 € je Tasse

Lieferung/Abholung der Speisen und des Zusatzbedarfs sind im Umkreis von 10 km im Menü-/Büfettpreis enthalten.

☐ 10–20 km 25,00 € je Fahrt
☐ über 20 km 30,00 € je Fahrt

Bestellformular II

Getränke (auf Kommission, d. h., es wird nur der tatsächliche Verbrauch abgerechnet)

Menge	**Alkoholische Getränke:**	€	je	Menge	**Antialkoholische Getränke** (Flaschen):	€	je
____	Fassbier	1,95	1 l	____	Flaschenbier, alkoholfrei	0,95	0,5 l
____	Flaschenbiere	0,95	0,5 l	____	Mineralwasser	0,50	0,25 l
____	Weizenbiere	1,05	0,5 l	____	Mineralwasser	1,05	0,7 l
____	Pils	0,99	0,33 l	____	Cola, Limonade, usw.	0,80	0,2 l
____	Rotwein, Q.b.A	7,80	0,7 l	____	Cola, Limonade, usw., Flasche	2,00	1,5 l
____	Weißwein, Q.b.A	7,50	0,7 l	____	Orangensaft, Apfelsaft	0,80	0,2 l
____	Sekt	8,00	0,7 l	____	Orangensaft, Apfelsaft	2,00	0,7 l

Geschirrverleih
Leihgebühr: 0,38 €/Stück
bei gereinigter Rückgabe: 0,28 €/Stück
☐ Besteck und Vorleger ☐ Suppentassen ☐ Kaffeegeschirr
☐ Teller ☐ Dessertschalen ☐ Trinkgläser

Tischwäsche/Servietten
____ m Lack-Tischdecken (Farbe: ____) 2,80 € /m
____ m Vlies-Tischdecken (Farbe: ____) 1,80 € /m
____ m Tischbänder (Farbe: ____) 0,50 € /m
____ Stück Vlies-Servietten (Farbe: ____) 0,08 €/St.
____ Stück Stofftischdecken, weiß, rund oder eckig, inkl. Reinigung 9,00 € /St.
____ Stück Vlies-Servietten mit unserem Firmenaufdruck – ohne Berechnung

Personal/Service
Büfett- und Abräumservice: ____ Personen je 22 €/Stunde, von ____ bis voraussichtlich ____ Uhr
Ausschankservice: ____ Personen je 22 €/Stunde, von ____ bis voraussichtlich ____ Uhr
Eindecken und Dekoration durch Servicepersonal ☐ der Büfetttische ☐ der Gästetische
____ St. Blumenschmuck 15,00 € je Gesteck Sonstiges: ____

Sonstiger Zusatzbedarf/Leihgebühren

____	Bierzapfanlage mit Zubehör	45,00 €/St.	____	Festzeltgarnituren (Tisch, 2 Bänke)	16,00 €/St.
____	Zapftheke mit Spüle	40,00 €/St.	____	Gastronomie-Kaffeemaschine	10,00 €/St.
____	Stehtische	6,00 €/St.	____	elektr. Kaffee-Warmhaltebehälter (10 l)	10,00 €/St.

Alle Preise enthalten die gesetzliche MwSt. Für die leihweise zur Verfügung gestellten Ausrüstungsgegenstände wie Warmhaltegeräte, Geschirr und Dekorationen haftet bei Bruch, Beschädigung oder Verlust der Auftraggeber. Fehlmengen gehen zulasten des Mieters.

Wir bedanken uns sehr herzlich für Ihren Auftrag.

Ort, Datum

____ Auftragnehmer ____ Auftraggeber

Lieferung ist ordnungsgemäß erfolgt.

____ Datum, Unterschrift des Auftraggebers

Muster für einen Arbeits- und Ablaufplan

Wann?/ Zeitbedarf	Was?	Wer?	Benötigte Arbeitsgeräte	Transport/ Präsentation	Weiterbehandlung	Geschirr, Besteck	Hinweise

Beurteilungsbogen

Beurteilungsschlüssel
1 = sehr gut; 2 = gut; 3 = befriedigend; 4 = ausreichend; 5 = mangelhaft; 6 = ungenügend

Bewertung der hergestellten Speisen (Produktbewertung)

Speisen	Aussehen/ Präsentation	Farbe	Geruch	Geschmack	Konsistenz	Gesamturteil	ggf. Verbesserungs-vorschlag

Bewertung der Arbeitsprozesse

	Gesamturteil	Verbesserungsmöglichkeiten
Material-, Einkaufsplanung		
Einkaufsorganisation		
Arbeitsplanung		
Herstellungsablauf/HACCP		
Lieferung und Aufbau		
Dekoration (Raum/Büfett)		
Anordnung am Büfetttisch		
Zusammenarbeit im Team		
Umgang/Kommunikation mit dem Kunden		
Gesamtbeurteilung		

Umschlagfoto

martin hopfengart photographie, Düsseldorf

Bilder

adpic Bildagentur, Köln: T. Schon 65.1

Bartscher GmbH, Salzkotten: 181

Bettermann, Antje, Wendhausen: 87

Druwe & Polastri, Cremlingen/Weddel: 130 (alle), 131.1-5, 144.2-7

Fahle, Jutta, Dortmund: 101.1-3

Food Centrale Hamburg GmbH, Hamburg: Seiffe 52 .2

fotolia.com, New York: Alexander Raths 140.1, 148.5; Aliaksei Smalenski 67.2; andregric 148.2; Barbara Pheby 39.1-3, 43.4-5; 65.7; Birgit Reitz-Hofmann 133.4; Blickfang 11; Carmen Steiner 161; chetianu 131.6; Christian Schwier 67.3, 68.2; contrastwerkstatt 133.5; cynoclub 148.4; Daorson 49.1, 76.2; Dionisvera 65.6; Edin Muratovic 140.3; exclusive-design 133.1-2; ExQuisine 37.2; Guitar_Tawatchai 150.1; guitou60 135.3; indigolotos 150.2; industrieblick 159; JC DRAPIER 135.1; jeep5d 68.1; Joerg Lantelme 166; kab-vision 49.2, 163; karepa 149.2; Lsantilli 136.2; Lucky Dragon 65.4; Lukas Gojda 75.3; manulito 43.3; M.R. Swadzba 65.2; svetamart 43.2; Malyshchyts Viktar 65.5; Mara Zemgaliete 136.1; maranso 184; mates 65.10; Patryssia 52.4; photocrew 37.1, 52.3; PhotoKD 52.1; pixagentur 37.4; rdnzl 65.8; silencefoto 76.1; st-fotograf 140.2; superfood 51.3; Thomas Francois 162; timolina 75.2; UMA 65.3; Wolfgang Jargstorff 65.9

FotoNatur.de, Ostenfeld: 135.2, 145

Grum, Hans, Rothenburg/Tauber: 38

iStockphoto.com, Calgary: -lvinst- 148.1

Käsweber, Maria, Leutershausen: 61.1-2, 62, 63 (alle), 88, 100.2-3, 101.4-5, 104.1-2

Meeting- & Catering-Service, Wiesbaden: 79

Pitopia, Karlsruhe: Amarow 149.1; Bernd Jürgens 141.2; Birgit Brandlhuber 141.1

plainpicture, Hamburg: Endless Image 25, 51.2

Rees, Peter, Brühl: 37.3, 40.1-5, 43.1, 45.1-2, 51.1

Shutterstock.com, New York: picturepartners 148.3; Shebeko 67.1

StockFood GmbH, München: 140.4

Vogt, Andreas, Meschede: 100.1

WEBER Packaging GmbH, Güglingen-Frauenzimmern: 75.1

Ziller, Simone, Vierkirchen: 133.3

Grafiken

Biermann-Schickling, Birgitt, Hannover: 154

Hild, Claudia, Angelburg: 7.1-2, 17.2, 21, 26, 73, 89, 91, 95, 96.1-2, 97, 107.1, 129, 132.1, 138.1-3, 139, 143, 167, 172, 180, 182.1-4, 183, 198, 199

illuvision, Erftstadt: 9.1, 10, 14.1-2, 16.2, 17.1, 18, 33, 35, 107.2, 119.1

Jouve Germany GmbH & Co. KG, München: 9.2

Schmidt, Sabine, Hamburg: 29, 137.1-3, 144.1, 194

Sins, Claude, Stuttgart: 131.7

Alle weiteren Abbildungen stammen von PER Medien+Marketing GmbH, Braunschweig